天下文化

BELIEVE IN READING

財經企管｜BCB654

什麼才是經營最難的事

矽谷創投天王告訴你**真實的管理智慧**

THE HARD THING ABOUT HARD THINGS

Building a Business When There Are No Easy Answers

本・霍羅維茲 Ben Horowitz——著　**連育德**——譯

僅以本書獻給陪我一路走來的妻子與小孩。

本書版稅全數捐給美國猶太人世界服務組織（American Jewish World Service），以幫助開發中國家婦女追求基本公民權。本書講創業維艱，但這些婦女面對的難關更是艱鉅。

目錄

第5章 先管人再管產品，最後才管利潤 127

前言

拜把的，這就是人生，讀書沒啥用。
你的夢想被偷了，還傻傻分不清。

——繞舌天王肯伊．威斯特（Kanye West），〈水喔〉（Gorgeous）

每次翻閱商管或自我成長的書籍，我心裡總會冒出一個聲音：「寫的是很好，但真正困難的地方都沒交代！」訂出遠大目標不難，難的是目標沒達成時，怎麼請員工走人；網羅菁英不難，難的是他們恃才傲物、開出不合理要求時，該怎麼處理；訂出組織架構圖不難，難的是如何讓大家溝通互動；編織美夢不難，難的是當美夢變成惡夢、半夜驚醒冷汗直流的時候，該怎麼辦？

這類書籍想教人度過難關，但問題是，人生難關未必有解。現實生活複雜多變，沒有標準答案；成立高科技企業，沒有標準做法；領導一群人走出困境，沒有標準路線；製作出一首接一首的暢銷金曲，沒有標準公式；當個衝鋒陷陣的四分衛，沒有標準技巧；競選總統，沒有標準戰略；公司生意爛透頂，該如何激勵團隊士氣，也沒有標準答案。正因為無法套公式，難關才會在在考驗人性。

話雖如此，還是有許多建議與經驗值得借鏡參考。

寫這本書，並非要提供大家一套公式，而是希望分享我的個人經驗與挑戰。當過創業人、執行長，現在又投身創投業，我還是覺得過去學到的心得很受用，尤其現在與新生代的創辦人兼執行長合作，更有機會傳授幾招。創業這條路難免有險阻曲折，我自己也遭遇過。大家的情況或許不同，但追根究柢，還是可以發現共通的模式與心得。

過去幾年，我把創業心得彙整在部落格裡，累積了近千萬名讀者，很多人對事件的來龍去脈很感興趣。這本書是我首度分享心路歷程，也納入部落格的相關文章。出書也是想感謝許多親戚朋友與顧問對我的啟發，我的事業路受他們裨益良多。另外，嘻哈與饒舌音樂也是我的靈感來源，每位嘻哈歌手都想出人頭地，經營自己的態度好比創業家。他們唱的歌圍繞在要競爭、要賺錢、被誤解的主題打轉，不就像創業的種種難關嗎？我希望透過本書分享個人經驗，提供創業人一些意見與鼓勵，勇敢走在追逐夢想的路上。

第1章 共黨爺爺創投孫

我的一切都在這！
有水某，有嬰仔，有人生。
夜晚心驚驚，對了就做了。
起起又浮浮，上上又下下。
我的悲，我的喜，有心又有膽。

——DMX，〈何方神聖〉（Who We Be）

前幾天我在家辦烤肉派對，邀請了一百名親朋好友同樂。這樣的聚會不算特別，因為我和妹夫卡修已經辦了好幾年。在下我的烤肉技術出了名，許多黑人朋友都叫我「烤肉界的傑基・羅賓森（Jackie Robinson；譯註：史上第一位大聯盟黑人球員）」。言下之意，我的烤肉技術已經跨越膚色，黑白通吃。

吃吃喝喝當中，幾個人聊到饒舌天王納斯（Nas）。我的黑人年輕朋友、亦是創業人沃克（Tristan Walker）語帶驕傲地提到，納斯和他一樣出身於紐約皇后橋區（Queensbridge），亦即美國規模最大的國宅建設之一。七十三歲的猶太教老爸聽了，立刻插話：「皇后橋區，我去過啊！」見我爸一大把年紀、又是白人，沃克不相信他去過皇后橋區，回說：「你指的是皇后區吧？皇后橋區其實是國宅計畫區，治安很糟糕。」但老爸很堅持，說他當時去的就是皇后橋區。

我提醒沃克說，我老爸在皇后區長大，不可能把兩個地方搞混。然後轉頭問：「爸，你怎麼會去皇后橋區？」他回說：「我十一歲的時候，去那裡發過共產主義傳單。我記得很清楚，因為你奶奶發現共產黨把我派到那些地區，氣得跳腳，她覺得我年紀太小，去那裡很危險。」

我祖父母是死忠的共產黨員。爺爺菲爾・霍羅維茲（Phil Horowitz）原本是學校教師，因為積極從事黨務，而在麥卡錫時代〔McCarthy era；編註：二十世紀五〇年代，美國參議員約瑟夫・麥卡錫（Joseph McCarthy）指控許多美國人過去曾經是共產黨員，迫使許多藝術家、老師，以及政府官員因此失去工作。麥卡錫主義盛行之時，被認為是美國歷史上最黑暗的時期」丟了鐵飯碗。我爸可說是穿著紅色尿布長大的小孩，從小在極左派的環境耳濡目染。時間快轉到一九六八年，我們全家從美東搬到加州柏克萊，老爸在著名的新左派雜誌《壁壘》（*Ramparts*）擔任編輯。

也因此，我從小就在這座素有「柏克萊人民共和國」之稱的城市長大。我小時候非常害羞，看到大人就害怕。媽媽帶我上幼稚園的第一天，我在學校門口便大哭起來。老師要我媽媽儘管先離開，說小朋友剛上學難免會哭，不必大驚小怪。怎知過了三個鐘頭，我媽再回到幼稚園時，發現我全身溼答答的，還是哭得稀里嘩啦。老師解釋說，我眼淚一直沒停下來，哭得衣服都濕了。我當天就被幼稚園退學，要不是老媽有全天下第一等的耐心，我恐怕這輩子上不了學。大家都建議她帶我去看心理醫師，她卻願意捺定性子，讓我照自己的步調適應新環境，時間再久她也願意等我。

我們家原本住在葛蘭大道（Glen Avenue）的一房住宅，空間對六口之家實在太小，於是在我五歲時搬到波尼塔大道（Bonita Avenue），新家空間大許多。波尼塔大道屬於中產階級地段，但畢竟是柏克萊，這裡跟其他地方的中產階級還是有點不同，各式各樣的人都有，有嬉皮，有瘋子，有中下階層的人努力往上爬升，也有中上階層的人因為吸毒而向下沈淪。我哥強納森有天找他朋友羅傑（化名）到我家玩，羅傑欺負我膽小，指著路口正坐在紅色小拖車上的黑人小孩，說：「你去找那個小孩，要他把拖車給你，如果他頂嘴，你就吐口水在他臉上，罵他黑鬼。」

有幾件事需要先澄清一下。首先，黑鬼這種字眼在柏克萊地區很少人會用，我甚至連聽都沒聽過，根本不知道是什麼意思，但大概猜得出是罵人的話。第二，羅傑並不是故意要種族歧視，他出身好家庭，父母親是大好人，他爸爸更是柏克萊教授。我們後來才發現，羅傑患有精神分裂症，當時因為陰鬱面發作，一心只想看人打架。

羅傑的命令讓我進退兩難。我很怕他，心想若不照他的話做，會被打得很慘。但我也很害怕開口跟那個小男生要拖車。唉呀，我怎麼什麼都怕！最後，我實在太怕羅傑，不敢留在他身邊，於是朝著街頭的小男生走過去，短短大概三十公尺的路，卻彷彿足足有三十公里長。最後終於走到小男生面前，我卻連動都不知道該怎麼動，也不知道該說什麼，只好隨便冒出一句：「我可以坐你的拖車嗎？」克拉克（Joel Clark Jr.）回說：「好啊！」我這時再轉頭看羅傑的反應，他卻不見蹤影。後來才知道，他這時又回到正常的那一面，早已跑去做其他的事。克拉克那天跟我玩了一整天，從此成為最要好的朋友，十八年後還當了我的伴郎。

我從來沒跟人提過這段往事，但它對我的人生觀影響很大，讓我學到：**害怕不代表沒膽，行動才是英雄與懦夫的差別**。我常回想起那天的情景，自知要是當初聽羅傑的話，這輩子就交不到人生中最好的朋友。

我從那次經驗也學到，不管是人或事，都不應該只看表面，唯有花工夫去了解，才能知道實情。真相沒有捷徑，個人經歷過後得到的真相更是如此。如果只靠常識和捷徑學東西，還不如什麼都不知道。

你給自己走著瞧！

年輕時的我，會盡可能避免被第一印象誤導，也不盲目地墨守成規。我從小在柏克萊長大，小鎮裡不流行肅殺氣息太重的美式足球，但大家萬萬沒想到，我這個優等生竟會加入柏克萊高中的美式足球校隊。我連美式足球都沒打過，加入球隊實在是不知死活，剛開始只好訓練自己面對恐懼，對我日後有很大的幫助。在高中打美式足球，有七五％靠的是駕馭恐懼的能力。

球隊第一次與總教練曼多札（Chico Mendoza）開會的情景，我這輩子永遠忘不了。已有一把年紀的曼多札是個標準硬漢，之前曾在吉祥物是角蛙的德州基督教大學（Texas Christian University）美足校隊效命過。他劈頭就說：「你們有些人到時候肯定不把打球當一回事。來這裡聊天八卦五四三，除了混還是混，以為加入球隊就能到處招搖。告訴你們這群兔崽子，神經最好給我繃緊一點。」他接著列出球隊的禁忌：「練球遲到？給我走著瞧！不敢衝不敢撞？給我走著瞧！在球場用走的不用跑的？給我走著瞧！敢直接叫我名字？也給我走著瞧！」

這是我聽過最霸氣、最搞笑又最像念詩的一段話，我聽了很熱血，迫不及待要回家跟我媽報告。雖然老媽聽了花容失色，還是不減我對這段話的喜愛。現在回想起來，那天是我學到領導力的第一堂課。美國前國務卿鮑爾（Colin Powell）曾說，領導，是讓其他人即使出於好奇也願意跟著你前進的能力；曼多札教練接下來會說什麼，我可是好奇得很。

我是球隊裡唯一選擇數學科最高級別的人，很多課都沒跟其他隊員同班，所以交到很多不一樣的朋友。不同的圈子有不同的人生觀。我覺得很妙的是，世界上的大事件會因為一個人的觀點不同，而出現不一樣的意義。比方說，饒舌團體 Run DMC 推出《時機歹歹》（*Hard Times*）專輯時，在球隊裡造成一陣旋風，大家對歌曲中反覆不斷的低音鼓很瘋狂，但我的微積分課同學甚至連聽都沒聽過這張專輯。雷根總統的「戰略防禦計畫」（Strategic Defense Initiative）被理工課的同學罵到臭頭，覺得計畫背後的技術理論根本有問題，但我在球隊練球時，卻沒有人注意到這件事。

透過兩極的角度看世界，讓我更能分辨什麼是事實，什麼是觀點，在我日後創業、擔任執行長的時候幫助很大。有時候情況很緊急，某些「事實」似乎必然會導致某個結果，但我學會從其他截然不同的角度來觀察、詮釋，形成我自己的觀點。在員工擔心焦急的情況之下，有時只是讓他們知道有其他的可能方案，就足以讓他們保持希望。

相親記

一九八六年夏天，哥倫比亞大學二年級剛讀完，我回家跟這時已搬到洛杉磯的爸爸一起住。既是朋友又是高中球隊隊友的蕭，說要介紹一個女生給我認識，對方叫菲莉夏（Felicia Wiley），蕭和他女朋友威廉絲也會一起來。為了這次雙人約會，我和他忙了一整天張羅晚餐，在晚上七點前全部煮好上桌，主菜更安排四份擺盤擺得沒話說的丁骨牛排。但時針走到七點整，女方卻沒出現。一小時過了，我們還算沈得住氣，畢竟威廉絲是出了名的遲到女王，習慣就好。兩個小時過了，餐桌對面的蕭打電話問對方發生什麼事，我正空望著精心準備卻早已涼掉的美食，突然聽到晴天霹靂的消息——菲莉夏決定不來了，理由是「她好累」。我的天啊，這女的也太公主病了吧！

我要蕭讓我聽電話。我首先自我介紹：「你好，我是小霍，今天本來要跟你見面的。」

菲莉夏：「真不好意思，我好累喔，而且現在時間也晚了。」

我：「時間晚了，是因為你們遲到了。」

菲莉夏：「我知道……可是我真的很累，不是很想過去。」聽到這邊，我決定向她曉以大義。

我：「你很為難我了解，可是如果你不想來，應該早點說才對，我們已經花了一整天的時間準備晚餐了。你現在如果不趕快開車過來，是很沒有禮貌的行為，也會在我們心中留下不好的印象。」

如果她真是自大的嬌嬌女，我這番話講了也是白講，不跟她約會反倒是好事。但反過來說，如果她選擇過來，就表示她還是有值得進一步認識的地方。

菲莉夏說：「好，我立刻過去。」

一個半小時過後，她穿著白色短褲出現在門口，特別打扮過。我呢，整天興奮地張羅晚餐，壓根忘了前一天才跟人家打架，臉上有瘀青。之所以會打架，是因為我跟我哥還有一些陌生人在打籃球，其中有一位留著平頭的高個子，穿著迷彩褲，看起來屌屌的，竟然敢拿球丟我哥。強納森是學音樂的，一頭長髮，那時體重可能只有七十公斤左右，感覺弱不禁風的。我不同，打過美式足球，幹架也是家常便飯，不怕跟對方槓上。我不管三七二十一就把籃球男推開，兩人扭打起來。我給他幾記重拳，但左眼也被他的右鉤拳狠狠打中，留下瘀青。對方有可能只是被喊惡性犯規在發脾氣，不是真的想欺負我哥，但答案我永遠也不知道，因為我沒先了解情況就動手。

我打開門迎接兩位女伴，沒想到菲莉夏那雙令人著迷的綠眼珠，立刻盯著我眼窩的傷口看。她多年後透露對我的第一印象是：「這男的分明是流氓。早知道就不來了。」

謝天謝地，我們兩個人都沒被第一印象蒙蔽，不然就沒辦法到現在結婚快二十五年，還生下三個可愛的小孩。

矽谷

大學的某個暑假，我找到視算科技公司（Silicon Graphics，下稱SGI）的兼職工作，在那裡的經驗讓我眼界大開。SGI以研發電腦繪圖晶片為主，應用面涵蓋全新的產品領域，從電影《魔鬼終結者二》（Terminator 2）到先進的飛行模擬器，都用到SGI的晶片。每個員工都是高手，研發的產品既酷又炫，當時的我好想一輩子在這裡工作。

大學畢業後，我繼續就讀資訊工程研究所，畢業後真的到SGI上班，對我來說彷彿美夢成真，高興得不得了。上班一年後，我有次遇到SGI前行銷主管、後來經營一家新創企業的波娜羅（Roselie Buonauro）。她女兒跟我是在SGI的同事，曾向她提到我的工作表現。經過波娜羅積極延攬下，我最後點頭同意，加入她的NetLabs。

事後證明，投效NetLabs是大錯特錯的決定。公司執行長是曾在惠普（HP）擔任高階主管的史瓦格（Andre Schwager），但更關鍵的是，他也是波娜羅的先生。他們夫妻檔經創投公司網羅，組成「專業經營團隊」。殊不知，他們根本不了解公司的產品與技術，營運方向變了又變，毫無目標。這是我人生第一次了解到，企業營運能否成功，創辦人扮演了很重要的角色。

工作正不如意的同時，二女兒瑪莉亞又被診斷是自閉兒，需要我多花時間待在家裡。新創企業的繁忙工作對我們一家人成了沈重的負擔。

老爸有天來我家作客，天氣熱得要命，但我們家當時沒錢買冷氣機。父子倆坐在屋內滿身是汗，三個小孩哭個不停。

老爸這時轉身對我說：「兒子啊，你知道買什麼東西只要花小錢嗎？」

他怎會憑空拋出這個問題，我完全沒有頭緒，只回說：「不知道耶。是什麼？」

「鮮花只要小錢就能買到。那你知道買什麼東西要花大錢嗎？」他又問。

我還是回說：「不知道。是什麼？」他說：「離婚。」

這個冷笑話聽在我耳裡，猶如一記當頭棒喝，頓時驚覺自己蹉跎了大半人生。之前的我，沒真正做過什麼重大決定，以為人生是沒有頻寬限制的網路，要做什麼都能同步進行。但老爸的冷笑話讓我豁然開朗，再不改變人生方向，可能連家庭生活都不保。這是我第一次強迫自己把自我放在其次，而以其他人的角度看世界。我以前都覺得事業、嗜好、家庭可以三管齊下，更糟的是，我一直都把自己放在第一順位。這樣以自我為中心，不管是對有家室的人或是隸屬於一個團體的人而言，都可能付出慘痛代價，而我現在的處境，只能用岌岌可危形容。我自認是個不自私的好人，但我的行動卻恰恰相反。我不能再像個大男生一樣，應該拿出男人的氣魄，把生活的重點擺對，以家人的幸福為第一考量，自己放在第二位。

我決定隔天就提出辭呈，後來找到蓮花軟體（Lotus Development）的工作，讓我能把重心放在家人身上。我不再凡事只想到自己，而是一心只想給家人最好的生活。我開始成為心目中理想的自己。

網景

轉戰蓮花之後，同事有天拿了一個名為「馬賽克」（Mosaic）的新產品給我看。由幾名伊利諾大學學生所研發的馬賽克，說穿了是用於網路的圖形介面，原本只有科學家與研究人員有使用需求。我看了覺得很神奇，直覺它是未來趨勢所在，如果我不往網路業發展，根本是在浪費人生。

幾個月後，我看到有篇報導介紹一家叫網景（Netscape）的公司，由前SGI創辦人克拉克（Jim Clark）與馬賽克發明人安德森（Marc Andreessen）共同成立。我當下決定去應徵，於是打電話給在網景工作的朋友，問他能否引薦，安排一下面試。託朋友的福，我順利得到面試機會。

前幾次面試中，產品管理團隊的每個人我都見過了。我以為面試過程很順利，但那天晚上回到家，卻發現老婆淚流滿面等著我。原來網景的招聘負責人已經先打電話到我家，想給我一些提點，結果被我老婆接到（手機在當時還不普遍）。對方說，我的機會很渺茫，因為網景希望能找有史丹佛或哈佛MBA學位的人才。老婆一方面認為我可能需要回學校進修，但另一方面也知道家裡有三個小孩要養，我不可能放棄工作，愈想愈無奈，眼淚便流了下來。我向她分析說，我雖然沒讀過商學院，但網景要找的不是主管職，說不定也會願意考慮我。

招聘經理隔天又打電話過來，要我跟共同創辦人兼科技長安德森面試。他當時才二十二歲。

現在說網際網路與瀏覽器是大勢所趨，似乎理所當然，但當初如果沒有安德森的發明，我們今天可能活在一個截然不同的世界。當初的網路在一般人眼中，不過就是神祕難懂、安全堪慮的發明，趕不上企業界需求，使用族群只有科學家與研究人員。即使在馬賽克這款全球第一個瀏覽器問世之後，幾乎也沒人看好網路，覺得它只能侷限於科學界。就連科技業龍頭也沒信心，一股腦研發自家產品，競相研發專利技術，搶著建構所謂的「資訊高速公路」。最受到矚目的科技大廠包括甲骨文（Oracle）與微軟等等，掀起商業媒體的無限想像。這類現象其實不難理解，畢竟，大多數企業甚至不採TCP/IP協定（網路的軟體基礎），反而是採取自家的網路通信協定，如AppleTalk、NetBIOS與SNA等等。比爾蓋茲在一九九五年十一月出版的《擁抱未來》（*The Road Ahead*）一書中指出，資訊高速公路是連結所有企業與消費者的網路，形成一個無縫接軌的商務世界，很有機會取代網際網路，成為主宰未來的技術。比爾蓋茲後來把提到資訊高速公路的地方改成網際網路，但這並非他最初的願景。

微軟的專利技術大夢，對商界或消費者來說都沒有好處。在比爾蓋茲與艾利森（Larry Ellison；甲骨文創辦人）這些真知卓見的人心中，企業如果擁有資訊高速公路，每筆交易都能收取費用，也就是時任微軟科技長麥爾佛德（Nathan Myhrvold）所謂的「抽成」（vigorish）。

資訊高速公路的動能不容小覷。即使發明出馬賽克瀏覽器，安德森與克拉克計畫中的視訊分配（video distribution）業務，原本是要以資訊高速公路為架構，而非網際網路。一直到業務規劃尾聲，他們才了解到，其實只要進一步改良馬賽克的安全性、功能性與便利性，就有機會讓網際網路成為未來的網路主流。這個信念於是成了網景的營運使命，最後更打了一場勝仗。

與安德森面試跟我其他的面試經驗完全不一樣。我的職場資歷、工作習慣等等，他一概沒問，反而天馬行空問其他問題，如電子郵件歷史、協同作業軟體、科技業何去何從等等。還好我過去幾年負責這個領域的尖端產品，算是專家了，所以有問必答。我驚訝的是，眼前這個才二十二歲的小伙子，竟對電腦產業的歷史瞭若指掌。我在職場碰過很多聰明絕頂的年輕人，但像他這麼懂科技歷史脈絡的人，倒是第一個。安德森讓我佩服的地方，不只是他對科技歷史的認識與產業脈絡的直覺而已，他對複製等技術的觀念也十分精闢。面試過後，我打電話給我哥說：我剛剛跟安德森面試完，他應該是我這輩子遇過最聰明的人了。

一週後，我接到錄取通知。興奮之餘，我根本不在乎他們開出多少薪水，只知道安德森與網景未來將改變全世界，我也想貢獻自己的力量。我等不及要開工！

我在網景負責的是企業網路伺服器產品線，底下又分兩大產品，一個是正規網路伺服器，定價一、二〇〇美元；另一個是安全網路伺服器，內含網景新研發的安全封包層（Secure Sockets Layer）協定，定價五、〇〇〇美元。我剛加入時，負責研發網路伺服器的工程師是雙胞胎兄弟馬庫羅（Rob McCool）與馬庫麥（Mike McCool），前者曾為美國國家超級電腦應用中心（NCSA）研發出網路伺服器。

到了一九九五年八月網景公開上市時，網路伺服器團隊成員已擴編到九人左右。網景上市不但氣勢驚人，而且刷新歷史紀錄。上市價原本訂在每股十四美元，但管理階層最後一刻決定加倍，改為二十八美元。股價盤中飆到七十五美元，幾乎打破首日發行紀錄，最後收在五十八美元，網景當日市值便逼近三十億美元大關。除此之外，網景上市亦在企業界拋出一記震撼彈。我的投資銀行界朋友夸川恩（Frank Quattrone）當時曾說：「錯過這次投資機會的人，以後一定不敢跟孫子說。」

網景上市案改寫了產業態勢。微軟營運十年後才上市，但我們從成立到上市只花了十六個月時間。市場開始把企業分成「新經濟」與「舊經濟」兩大陣營，前者正來勢洶洶。《紐約時報》甚至稱網景上市案是「驚天動地」的大事件。

但商場如戰場，微軟宣布推出Windows 95作業系統時，將免費內建自家瀏覽器Internet Explorer，等於是把網景逼上絕路，因為我們的營收來源幾乎全靠瀏覽器，而微軟又在作業系統擁有超過九成市占。我們給股東的答案是：從網路伺服器賺錢。

兩個月後，在微軟還沒推出網際網路資訊伺服器（IIS）之前，我們設法拿到了初期版本。將之解構後發現，我們產品有的功能它都有，就連高階產品的安全防護功能，它也做得到，而且速度是我們的五倍。這下事情大條了！我估計我們只有五個月的時間，搶在微軟發表IIS前解決問題，不然就只能送死。在「舊經濟」市場中，產品週期通常要一年半才會結束，在「新經濟」市場中雖然更短，但要在五個月內就研發出新產品，實在是不可能的任務，所以我去找部門主管何莫（Mike Homer）商量。

網景最重要的創意推手，除了安德森之外，當屬何莫。何莫更難能可貴的一點是，他這個人情況愈危急鬥志愈高。當競爭對手的砲火猛烈時，大多數的高階主管都會選擇避開媒體，但何莫不一樣，總是親上火線迎戰。微軟祭出它最擅長的「包圍再擴展」（embrace and extend）策略、全面打擊網景時，何莫對媒體的電話一概都接，有時兩手各拿一支電話，同時回答不同記者的問題。他的字典裡沒有認輸兩個字。

接下來幾個月，我和何莫兩人合作找出抗衡微軟的對策。對方既然免費提供我們的產品，我們就來以牙還牙，朝微軟BackOffice伺服器產品開刀，提供便宜又屬於開放架構的替代方案。為此，我們收購了兩家公司，取得類似微軟Exchange郵件服務的解決方案，價格具有競爭力。接著又與資料庫公司Informix簽下重大合作案，得以透過網路無限制進入關聯資料庫（relational database），每套五十美元，幾乎是微軟的幾百分之一。把幾套軟體組成套件之後，何莫將產品稱為網景企業伺服組（Netscape SuiteSpot），用來與微軟的BackOffice對抗。萬事具備，就等一九九六年三月五日在紐約隆重推出。

萬萬沒想到，發表會兩個禮拜前，安德森在沒有知會我和何莫的情況下，向電腦經銷新聞

（Computer Reseller News）透露全盤策略。我氣得直跳腳，立刻寄了一封短信給他。

收件者：安德森

副本：何莫

寄件者：霍羅維茲

主旨：發表會

原來我們不是要等到五日才發表？！

——霍羅維茲

不到十五分鐘我就收到回信。

收件者：霍羅維茲

副本：何莫；巴克斯戴（Jim Barksdale；執行長）；克拉克（董事長）

寄件者：安德森

主旨：Re：發表會

顯然你根本就不知道事態嚴重。我們現在的產品比競爭對手爛很多，就快被打得落花流水了。我們處在被動姿態已經好幾個月，市值蒸發超過三十億美元。整家公司都可能不保，這全都是伺服器產品部門的錯。

下次你自己去接受採訪！去你的！

——安德森

發生這段插曲的同一天，安德森登上《時代》雜誌封面，照片裡的他光腳坐在寶座上。我看到封面時很振奮，這輩子從來就沒認識登上《時代》雜誌封面的人，但振奮之後又是一陣心酸。我把雜誌與那封信帶回家，想聽聽老婆的意見，擔心我今天親手葬送了自己的前途。當時二十九歲的我，有老婆和三個小孩要養，容不得我丟掉飯碗。她看完信和雜誌封面，說：「你還是趕緊找新工作好了。」

我後來並沒被開除，在網景繼續工作了兩年。網景企業伺服組從無到有，拓展成為年營業額高達四億美元的業務。更讓人跌破眼鏡的是，我和安德森最後盡釋前嫌，直到現在仍維持既是朋友又是生意夥伴的關係。

我們十八年來聯手在三家企業合作，常有人問是如何辦到的。大多數的生意夥伴合作一段時間之後，不是關係緊繃，彼此再也容忍不下；就是關係太鬆散，反而激盪不出火花。前者是因為彼此互相質疑，導致一看到對方就討厭；後者則是對彼此的意見自我感覺良好，合作關係再也產生不了效益。安德森跟我即使合作了十八個年頭，還是喜歡找我的碴，幾乎每天把我惹毛，但我也會還以顏色。這樣的互動模式對我們很有效！

創業

接下來幾年，微軟挾其作業系統的獨占優勢，把網景的銷售產品全數免費提供，我們最終不敵競爭壓力，而在一九九八年底賣給美國線上（ＡＯＬ）。短期來看，微軟將它最大的威脅逼到死角，委身給更小咖的對手，無疑是一大勝利；但長期來看，網景亦發揮十足的破壞力，使得微軟的強勢地位出現難以彌補的裂痕。拜網景之賜，電腦軟體開發人員不必再以微軟的自有平台（即Win32 API）為對象，而能直接訴諸網際網路與全球資訊網的標準介面。微軟一旦喪失對開發人員的掌控力，在作業系統的獨占地位遲早難保。這一路走來，網景亦研發出許多現代網際網路的重大技術，例如JavaScript、ＳＳＬ與cookies等等。

加入美國線上後，我負責管理電子商務平台，而安德森則擔任科技長一職。工作了幾個月，我們兩人逐漸發現公司的重點在媒體版圖，而非科技。科技業務能為公司帶來新的媒體大案子，但營運策略還是以媒體為出發點，而總裁皮特曼（Bob Pittman）也是人稱的媒體天才。媒體公司把重點放在打造吸引目光的題材，反觀科技公司則是聚焦在改善做事方法。我們兩人開始考慮自己另創公司。

後來有兩個人也加入我們的創業討論。豪斯（Timothy Howes）博士是輕量型目錄存取協定（Lightweight Directory Access Protocol，下稱LDAP；X.500目錄通信協定的精簡版）的共同發明人，一九九六年加入網景，在團隊合作下，成功將LDAP變成網路目錄標準。一直到現在，如果程式想取得某人資料，還是會透過LDAP。另一個加入討論的人是李仁錫（In Sik Rhee，音譯），網景之前收購了他與人共同成立的應用伺服器公司奇華系統（Kiva Systems）。網景併入美國線上後，他在我執掌的電子商務部門擔任技術長，主要職責是與夥伴公司密切合作，讓對方能與美國線上的平台規模順利接軌。

四個人討論當下，李仁錫抱怨說，每次要將合作夥伴連到電子商務平台時，對方網站常常沒辦法因應流量而當掉。原本網站流量只有幾萬人，現在要拓展到幾百萬名用戶，不但是截然不同的學問，而且非常複雜。

如果能幫人做到這點，應該是不錯的創業點子。經過深入討論，我們想出運算雲的概念。這個詞之前已在通訊產業出現過，指的是透過智慧雲來處理路由、計費等等複雜活動，用戶只要從功能簡單的產品進入雲端，就能免費取得所有智慧功能。我們認為相同的概念也適用於電腦產業，讓軟體開發人員不必擔心安全性、擴充性與災難復原（disaster recovery）等等的問題。既然要打造運算雲，當然要做得響亮一點，所以我們把新公司命名為響雲端（Loudcloud）。有趣的是，響雲端現在雖然不復存在，但雲端兩字卻流傳下來，成了大家現在對運算平台的稱呼。

公司正式成立，籌資工作啟動。那年是一九九九年。

第2章

我會活下去

你以為我會徹底崩潰？
你以為我會倒地不起？
老娘偏要你好看，
我會活下去！

——葛洛莉雅・蓋娜（Gloria Gaynor），〈我會活下去〉（I Will Survive）

多虧了網景的成功經驗，安德森跟所有矽谷的創投大咖都認識，省了毛遂自薦的麻煩。只可惜，當初投資網景的凱鵬華盈（KPCB）創投業者，已經資助了一家潛在的競爭對手。和其他重量級業者談過後，我們決定與標竿資本（Benchmark Capital）的雷克里夫（Andy Rachleff）合作。

用一句話來形容雷克里夫，我會說他是溫文儒雅又絕頂聰明的君子。他也善於抽絲剝繭，把繁雜的策略用兩、三句話輕鬆說明清楚。標竿資本決定投資一、五〇〇萬美元，相當於認為我們公司的增資前價值（pre-money valuation）有四、五〇〇萬美元。安德森個人亦投資六百萬美元，將公司包括現金在內的總價值增加到六、六〇〇萬美元，自己擔任「全職董事長」，由豪斯擔任科技長，而我則是執行長。響雲端這時只成立兩個月。

當時市場氣氛相當熱烈，從響雲端的公司價值與注資規模就可看出端倪。創業就得把營運做大，比口袋一樣深的競爭對手搶先占下市場。雷克里夫跟我說：「小霍，你就想像有人免費奉上資本，你會怎麼經營公司。」

兩個月之後，摩根士丹利（Morgan Stanley）以購買公司債的方式又注入四、五〇〇萬美元資金，沒有保護性條款，且三年內無需還款。也就是說，雷克里夫的說法確實是有可能成立的。

然而，「資本免錢」的思維對創業家來說是很危險的，這好比問人「如果冰淇淋跟花椰菜一樣有營養，你會吃哪一個？」這樣的思考方式容易害創業人弄巧成拙。

身為創業菜鳥的我，當然照著做。我們很快布局雲端基礎建設，一下子便累積不少客戶。公司上路不到七個月，合約總金額已高達一千萬美元。業務勁揚的同時，我們也沒忘記這是一個跟時間賽跑的市場，要贏過競爭對手，就得招攬到業界最優秀的人才，也要提供最多元化的雲端服務，兩者都需要花大錢。

我們的第九位員工是招募專員，而員工累積到十二人時，我們又找了一位人資專員。公司每個月新增三十名員工，許多都是矽谷菁英中的菁英。其中一個新人原本辭掉美國線上的工作，準備展開兩個月的登山之旅，卻反而投效我們；還有一個在原東家上市當天離職，放棄日後可能大賺數百萬美元的機會，加入響雲端的陣容。公司成立半年後，員工人數逼近兩百人。

當時的矽谷氣勢如虹，響雲端更登上《連線》（*Wired*）雜誌的封面故事，標題打著「安德森再顯神威」。我們的第一間辦公室小得不像話，微波爐跟咖啡機同時使用的話，肯定會跳電。後來決定搬到森尼韋爾市（**Sunnyvale**）一棟面積一萬五千平方英呎的大倉庫，怎知等到要搬過去時，空間又不夠了。

我們花了五百萬美元，搬進另一棟三層樓的建築物。砂岩外牆，翡翠色磁磚，被我們戲稱是泰姬瑪哈陵。但我們徵人速度實在太快，就連這裡的空間也不敷使用，有些人甚至得在走廊辦公。我們在附近租了第三處停車場，還提供接駁專車，惹得鄰居抱怨連連。公司裡的廚房要什麼有什麼，活像好市多一樣；有次要開除一家零食承包商時，對方還要求以公司股票做為補償。

當時的響雲端風光不可一世。

隔季，我們成立尚未九個月，再度拿下總金額高達二、七〇〇萬美元的新合約，響雲端彷彿是史上最無往不利的大企業。突然，網路泡沫啵地一聲破滅。二〇〇〇年三月十日，那斯達克指數攀升到五〇四八．六二點，是史上新高，比去年同期超過一倍以上，但十天後卻狂跌一成。《霸榮》（*Barron*）投資週刊當時登出一則標題為〈兵敗如山倒〉的封面故事，預示了股市風雨欲來的後勢。四月，美國政府判定微軟違反反壟斷法之後，那斯達克指數更是一瀉千里，新創企業市值大失血，投資人財富人間蒸發，而一度被譽為新經濟掌門人的網路公司，幾乎是一夕之間紛紛倒閉，網路英雄淪為狗熊。那斯達克指數最終跌到一二〇〇點以下，從最高點狂貶八成。

我們那時還認為響雲端是史上成長最快的企業，這固然是好事，但問題是，景氣如此慘澹，我們勢必得籌到更多資金才行。為了打造最好的雲端服務，支援快速成長的客戶群，之前或出脫股權或舉債籌得的六、六〇〇萬美元，幾乎都已用罄。

網路破滅讓投資人嚇得皮皮剉，籌資難度勢必提高，更何況我們的客戶多以網路新創企業為主。從接洽日本軟銀資本（Softbank Capital）的過程中，就能明顯看出籌資的困難。響雲端董事之一、亦是我的朋友坎貝爾（Bill Campbell），與軟銀的人熟識，表示可以在我向對方提案後透露風聲讓我知道。助理通知我坎貝爾來電時，我二話不說立刻接起，想知道我們有沒有機會。

我問：「軟銀的人怎麼說？」電話那頭傳來沙啞而權威的聲音：「小霍，老實跟你說，他們覺得你瘋了。」那時公司旗下將近三百名員工，手頭現金就快燒光，我只能用生不如死來形容當下心情。那是我當上執行長之後第一次這麼痛苦。

我那段期間學到私募最重要的法則：找到最適合的就好，只要有一家投資人願意出錢，沒必要因為被其他許多家拒絕而氣結。我們最終找到幾家參與第三輪募資的投資人，增資前價值高達七億美元，籌得一．二億美元。該季營收預估有一億美元，看來營運似乎沒有大礙。有鑑於之前的營運表現都能超過預期，我對這季的預估頗有信心，甚至還覺得有機會調整客戶陣容，從原本那些高風險的網路企業，慢慢朝營運穩健的傳統客戶發展（耐吉當時是我們這類客戶最大的一家）。

無奈事與願違……。

二〇〇〇年第三季，新合約總金額只有三、七〇〇萬美元，遠遠不及原先預期的一億美元。網路泡沫連環爆，災情比我們預想的還要嚴重，但問題是，我們已經砸下重金布局雲端設施，以為客戶群會持續增加。

爽呆與嚇呆

我必須再一次募資，但這次市場環境更加惡劣。二〇〇〇年第四季，有可能出錢的金主我都見過了，甚至連沙烏地阿拉伯王子阿爾瓦利德（Al-Waleed Bin Tala）也接洽過，完全找不到有投資意願的人。我們原是矽谷最夯的新創企業，但短短半年間，卻淪為人人不看好的落水狗。眼看有四七七名員工要養，公司營運又有如一顆未爆彈，我苦苦找尋解套對策。

要是資金用光，就代表必須裁掉我精心挑選的人才、輸光所有投資人的錢、殃及把生意交付在我們手上的客戶，想到這些下場，我實在很難思考出可行的對策。安德森為了幫我打氣，說了一個當時實在很難笑的笑話給我聽：

安德森：「你知道創業最好的地方在哪裡嗎？」

我：「是什麼？」

安德森：「你只會有兩種感覺，不是爽呆就是嚇呆。我個人的經驗是，失眠能夠讓爽呆或嚇呆的程度更強烈。」

隨著時間愈來愈急迫，我發現一個雖然不滿意但卻耐人尋味的選項：公開發行。時局低迷，私募市場向我們這樣的網路企業關上大門，但公開市場的那扇窗卻還微張著。當時的市場態勢便是如此詭異，私募基金已經到了誰都不信的地步，而公開市場雖然也有八成了，但至少還有機會。

無計可施之下，我只好向董事會提議讓公司上市，會前還特別列出一張上市的優缺點。

我知道最必須說服的董事是坎貝爾。董事會當中只有他曾任上市公司的執行長，比誰都清楚上市的優缺點。更關鍵的是，他待人處事有一股風範，在公司有難時就是有辦法讓大家聽他的。

當時六十幾歲的坎貝爾，一頭灰白頭髮，嗓音沙啞，但精力完全不輸二十歲年輕人。他原本在大學擔任美式足球教練，一直到四十歲才轉戰商場，雖然起步較晚，卻一路往上爬，最後更當上本能軟體（Intuit）的董事長與執行長。之後成了科技業的傳奇人物，許多大執行長如蘋果的賈伯斯（Steve Jobs）、亞馬遜的貝佐斯（Jeff Bezos）與谷歌的施密特（Eric Schmidt），都曾向他請益。

坎貝爾的智商高人一等，個人魅力十足，嫻熟公司經營，但他的成功之道不只是這些特質而已。不管是在蘋果的董事會（他擔任董事已超過十年）、哥倫比亞大學董事會（任董事長），還是女子美式足球隊（任教練），坎貝爾都是大家的最愛。

他之所以人見人愛的原因，大家各有不同見解，很難解釋清楚。但根據我的個人經驗，答案其實很簡單。不管身分地位如何，這世上每個人都需要有兩種朋友。一種是有好消息時、你會想打電話分享的朋友，他們發自內心為你高興，不會表面開心但心裡嫉妒，甚至比發生在他自己身上還高興。第二種是事情出錯時、你會想打電話求助的朋友。當你就快走上絕路，卻只有一通電話可打，你會找上他。坎貝爾就是這樣有福同享、有難同當的朋友。

我向董事會提報的過程中表示：「我們在私募市場完全找不到人投資。現在有兩個選擇，一個是繼續找下去，但成功機率很小；另一個做法是開始為公司上市做準備，但背後仍舊有一大堆問題有待解決：

- 我們的銷售流程不夠扎實，不管市場是好是壞，都很難預估銷售表現。
- 現階段的市場態勢急速惡化，谷底在哪裡還不知道。
- 我們的客戶紛紛倒閉，速度令人擔心亦難以預估。
- 我們目前處於虧損，且會維持一段時間。
- 我們的營運體質不夠健全。
- 總結來說，我們還沒做好上市的準備。

董事會神情凝重地聽著，現場一片靜默。打破尷尬氣氛的人照樣是坎貝爾。

「小霍，錢不是萬能的啊！」

怪了，他這句話竟讓我覺得如釋重負。或許，我們根本就不必上市；或許，我把公司的現金問題想得太嚴重；也或許，還有另一條出路。

坎貝爾這時又補上一句：「沒錢是他媽的萬萬不能！」

好吧，我想太多了，確實只有上市這條路可走。

除了我拋出的議題之外，嚮雲端的經營模式複雜，也是問題之一，投資人不容易了解。我們通常與客戶簽訂兩年合約，營收每月認列，這樣的模式現在已經稀鬆平常，但當時卻很少見。由於合約量成長快速，營收的增勢明顯落後，因此攤開我們提交證管會的S-1文件，上面列出來的是過去半年營收只有一九四萬美元，但我們預估未來一年營收數字有七、五〇〇萬美元，問題是獲利取決於營收，不在合約量，所以我們帳面上出現鉅額虧損。此外，受限於當時的認股權法規，我們財報上的虧損金額又是實際數字的四倍左右。種種因素之下，媒體對我們的上市案一片看衰。

比方說，商業雜誌《紅鯡魚》（*Red Herring*）就直批我們太過偏重網路公司，客戶群「過於薄弱」。文中引述一名揚基集團（Yankee Group）分析師，說我們「過去一年每家客戶的虧損額約在一百萬美元」，更說我們賠錢的速度跟燒錢一樣快。《商業週刊》對我們同樣不留情，撰文說我們是「來自地獄的上市案」。《華爾街日報》封面故事則引用一名基金經理人對我們上市案的反應：「哇塞，他們真是走投無路了。」一名買進我們股票的金融專家說：「這是一堆地雷股中最好的一個。」

媒體無情，但終究得上市。我們以類似企業為基準，在反向分割（reverse split）後將發行價設定在每股十美元，相當於公司市值還不到七億美元，金額比之前一輪私下募資的評價還低，但至少比倒閉好很多。

能否順利上市完全是未知數。當時的股市仍處於大跌局面，我們拜訪的公開市場投資人對前景也明顯看壞。

籌備期進入尾聲，各家銀行也同意承銷之後，財務長庫伯爾（Scott Kupor）接到摩根士丹利承辦人的電話。

承辦人：「庫伯爾，你知道你們有二、七六〇萬美元的現金套牢在房地產嗎？」

庫伯爾：「當然知道啊！」

承辦人：「也就是說，你們三個禮拜用完現金後，就會倒閉？」

庫伯爾：「沒錯。」

庫伯爾把這段對話重述給我聽，說：「你能想像他們承銷之前，竟沒注意到我們現金套牢了嗎？我們分明都把文件交出去了。」

準備出發進行上市案說明會之前，我召開全公司會議，跟大家分享兩個消息。首先，我們準備上市；第二，有鑑於公司評價大幅縮水，我們必須反向分割，兩股併為一股。

我覺得大家對上市的決定應該能接受，但對後者會有何反應，我心中很忐忑。反向分割能把股價拉高，這樣才有辦法上市。理論上，反向分割對於員工不會有影響。每個員工都擁有公司某比例的股權，乘上公司所有股數，就能算出該員工持有的股數有多少。把股數切半，公司全體員工還是擁有其中一半，股權比例完全沒變。

但實際上並非如此。我們的員工人數不到一年半就增加到六百人，要把夢想做大很容易。有些興奮過頭的主管一味畫大餅，只講能分到多少股票，沒提到比重有多少，佯稱股價有機會上看到一百美元。員工聽了心花怒放，盤算著股價上漲空間，自己又能賺到多少錢。我知道有這個現象，卻壓根沒想過會有反向分割的一天，所以從來沒擔心過。千金難買早知道，那段時期我搞砸了很多事，如今又添上一筆。

每回舉辦公司大會，我老婆菲莉夏必定出席，這次也不例外，就連那幾天剛好來作客的岳父岳母也來了。會議開得並不順利，大家不知道公司情況有多糟糕，因此對上市消息一點也不高興，聽到反向分割的決定尤其不爽。他們心中的夢幻股數硬是被我腰斬，心情難免三把火，雖然沒人直接公開嗆我，但我岳父岳母在台下聽得一清二楚，照我岳父的說法：「你還是別知道較好。」

岳母問我老婆：「為什麼每個人都那麼討厭小霍？」個性開朗外向的老婆不久前才開完疝氣手術，還在復原階段，不像平常一樣活潑，目睹現場反應後更是低落。我岳父岳母很沮喪，員工火氣難消，而我呢，對能否成功籌資則是完全沒頭緒。說明會竟是在這樣的氣氛中展開，完全沒有一般投資說明會的風光。

巡迴說明會的過程很悽慘。股市天天大跌，首跌的正是科技類股，投資人看到我們，就好比看到鬼一樣。有個共同基金經理人看著我和安德森，問：「你們來這裡做什麼？你們到底知不知道現在市場發生什麼事了？」這場震撼教育下來，我心想籌資肯定是無望了，公司只有倒閉一途。為期三週的法人說明會，我每天頂多只睡兩個小時。

說明會來到第三天，我接到岳父的電話。七十一歲的岳父魏理（John Wiley）這輩子歷經風霜。小時候，他父親在德州遭人謀殺，為了求個溫飽，他母親帶著他委身跟一個壞男人同住，對方自己還有九個小孩。魏理不但被欺負，晚餐時間還得在農舍裡照顧動物，任憑其他小孩吃掉他的晚餐。母子兩人最後忍無可忍，帶著家當逃家，在泥土路上整整走了三天。那趟路途，岳父這輩子永遠忘不了。高中還沒讀完，他便離家參加韓戰，一心只想賺錢照顧母親。後來成家為了養育五個小孩，他搬運過香蕉船，也當過阿拉斯加大油管的建築工，所有能想到的工作他都做過。甚至，還不到六十歲就已經兩度白髮人送黑髮人。他這輩子歷經滄桑，再壞的消息也嚇不了他。

岳父不會無故打電話給我，打來肯定事態嚴重，甚至攸關性命。

我：「喂，你好。」

岳父：「小霍，你辦公室的人要我別打擾你，但有件事讓你知道比較好。菲莉夏突然呼吸中斷，但還好現在已經沒有生命安危。」

我：「沒有生命安危？怎麼了？！究竟發生什麼事？」

萬萬沒想到，我把心思都放在工作上，竟然忽略了生命中最重要的人。

我：「究竟發生什麼事了？」

岳父：「醫生開了一些藥給她吃，沒想到她出現過敏反應，呼吸中斷，但現在好很多了。」

我：「什麼時候的事？」

岳父：「昨天。」

我：「什麼？怎麼不早點跟我說？」

岳父：「我知道你很忙，工作遇到很大的麻煩。那次去參加你的會議，我都看在眼裡。」

我：「我應該回家一趟嗎？」

岳父：「不用不用，她交給我們照顧就好，你專心處理公事。」

我當下嚇得不知如何是好，渾身直冒冷汗，掛掉電話後發現全身溼答答的，還去換了一套衣服。我完全沒有頭緒，如果現在回家，公司真的只有倒閉的下場，如果留下來，那……遇到這種情況，我怎麼能留下？我打電話回去，請岳父讓菲莉夏聽。

我：「如果你需要我在身邊，我立刻回去。」

菲莉夏：「不用，你好好處理上市案，不然你跟公司都毀了。我沒事的。」

接下來的說明會，我彷彿失去三魂六魄，走一步算一步。有天簡報還穿著完全不搭軋的西裝外套和褲子，還是安德森在會議中途點出，我才驚覺到。現在人在哪裡，我多半不知道。說明會連續跑了三週，跟我們同類型的公司股價紛紛腰斬，也就是說，我們期望的十美元上市價格，大約比目前的指標指數高出一倍。承銷銀行建議我們考量現實狀況，將股價下調到六美元，卻又不保證成功上市。偏偏就在上市前一天，網路市場龍頭雅虎傳出大消息：執行長庫格（Tim Koogle）將辭職。網路泡沫化的下場來到最低點。

響雲端的上市價最終敲定六美元，籌到一．六二五億美元，但事後沒有派對也沒有慶祝活動，承銷商高盛與摩根士丹利銀行，連慣例的上市晚宴也沒請，可說是史上光芒最黯淡的上市案。但無論如何，至少菲莉夏的身體好多了，公司也順利上市。搭機回家的途中，我一時興起，轉頭向財務長庫伯爾說：「我們辦到了！」不料他回說：「是沒錯，但我們還是完蛋了。」

事過境遷來到二〇一二年，菲莉夏聽到雅虎開除執行長湯普森（Scott Thompson）的消息時，問我一句：「你覺得他們應該找庫格回鍋嗎？」我回說：「庫格？你怎麼可能知道庫格是誰？」聽我這麼說，她於是把我們十一年前的對話幫我溫習了一次：

我：「我們完蛋了」

菲莉夏：「什麼意思？怎麼了？」

我：「雅虎把庫格拔掉了。完了，公司的上市案完蛋了。」

菲莉夏：「庫格是誰？」

我：「他是雅虎的執行長。我們完蛋了，這下一定得收掉公司了。」

菲莉夏：「真的會走到那一步嗎？」

我：「就跟你說了，庫格被他們開除了。我們這下完蛋了。」

她從沒看過我那麼失志，所以印象特別深刻。對大多數執行長而言，公開上市前夕應該樂翻天才對，我卻陷入沮喪的無底洞。

吃屎切勿小口嚼

巡迴說明會的途中，安德森為了緩和氣氛，會自嘲說：「小霍，你別忘了。暴風雨之前總是特別黑暗。」隨著公司上市後來到第一季，他的玩笑話似乎一語成讖。客戶一個個流失，景氣持續惡化，我們的營收展望也愈來愈黯淡。隨著第一次法說會逐漸逼近，我把公司業績徹底檢查一番，深怕業績低於預估。

好消息是，首季財報確定能夠符合預期，但壞消息是，全年財報要達到預期恐怕希望渺茫。法人一般會覺得，企業如果公開上市，表示第一年業績至少能夠達到目標。當時市場腥風血雨，業績不好似乎還說得過去，但如果第一次法說會就宣布業績無法達到預期，面子實在掛不住。

至於要調整哪方面的預估數字，我們實在拿不定主意：是該把年度預估稍微調整一下即可，把一開始的衝擊降到最低，還是大砍年度預估，避免日後又要下調一次？如果下調幅度太大，股價恐怕會應聲大跌；但如果調幅太小，日後可能又要下修，這樣我們勢必顏面掃地。會計長康提（Dave Conte）這時舉手提出，講得斬釘截鐵：「不管我們怎麼說，反正都是死路一條。預估數字只要一下修，投資人就會覺得我們沒有可信度，所以不如早死早超生，反正就算預估有什麼值得樂觀的地方，也沒有人會相信我們。既然都得吃大便了，千萬不要小口小口地吃。」最後，我們將全年預估營收數字從七、五〇〇萬美元大幅下修到五、五〇〇萬美元。

下調了營收預估，支出預估自然也得調整；支出減少，勢必得資遣部分員工。我們公司曾經貴為新創市場的寵兒，如今卻必須裁掉一五％的員工。落到如此局面，我實在是輸得一塌糊塗，對不起投資人，對不起員工，也對不起我自己。

下修業績預測後，承銷上市案的高盛與摩根士丹利都停止分析我們的公司狀況。分析師不再幫客戶追蹤我們公司的進展，等於一巴掌重重打在我們臉上，當初搶著幫我們上市時講得天花亂墜，如今說變就變。但大環境不好，我們只能任人宰割。就這樣，承銷商對我們沒信心，再加上我們下調營收預估，股價從六美元下挫到二美元。

儘管面臨種種逆境，我們仍舊勇往直前，二〇〇一年第三季交出亮眼的成績單。怎知到了九月十一日，世貿中心與五角大廈遭到恐怖攻擊，全球陷入一陣混亂。結果，第三季最大的客戶竟然是英國政府，占了我們三分之一的合約金額，如果沒有他們的貢獻，我們恐怕會低於該季預期一大截。對方負責人原本打電話告訴我們說，英國首相布萊爾（Tony Blair）將軟體工程資金撥到戰爭預算。所幸，我們的業務部主管最後說服布萊爾的一名幕僚，成功保住預算，我們那一季業績才能夠符合預期。

雖然驚險過關，但這次經驗也讓我體會到，公司的營運體質過於脆弱。另外一個讓我看清事實的發展是：身為我們最大對手的Exodus網頁代管公司，於九月二十六日申請破產。這樁破產案實在讓各界跌破眼鏡，因為Exodus在一年前身價曾經高達五百億美元，而且九個月前才籌到八億美元資金。他們有一名主管事後開玩笑跟我說：「我們衝下懸崖衝得很乾脆，完全不留車痕！」連Exodus都能在短時間內蒸發五百億美元市值和八億美元現金了，我們可能也自身難保，勢必要想個備案。

我的第一步是評估收購Data Return的可能性。這家公司的業務與我們雷同，但以Windows應用為主，跟我們以Unix應用導向不同。我們研究了幾週，針對兩家公司合併之後的可能綜效進行模擬，包括產品陣容的效益與成本節省等等。當時的財務長很看好這樁收購案，因為刪減成本正是他的專長所在。

評估過程快到尾聲時，我到奧勒岡州愛許蘭市（Ashland）修了兩天的假。人才剛到，就接到一通緊急電話，是掌管企業與業務開發的歐法洛（John O’Farrell）打來的。

歐法洛：「小霍，不好意思在你休假時打擾。有件急事要跟你報告，我們剛才針對Data Return收購案開了會，我覺得不妥。」

我：「怎麼說？」

歐法洛：「我就明講好了。我們公司有危險，他們公司也有危險，把兩家放在一起，那就是雙重危險！」

我：「我也是這麼想。」

看過Data Return的業務後，其實讓我更清楚知道，響雲端未來恐怕不會有好下場。有些事跳脫出來看，視野反而更清楚。我看著Data Return，只見到響雲端未來烏雲罩頂。一想到公司的命運，我常常睡也睡不著覺。為了讓心情好過一點，我會自問：「最糟還能糟到什麼地步？」最終的答案總是：「我們會破產，我會把大家的錢，包括老媽給我的錢輸光。員工在景氣不好時這麼努力，我卻必須把他們通通裁掉；曾經信任我的客戶會被我們害慘；我個人也會名譽掃地。」怪了，這麼自問自答從來沒一次讓我心情舒坦過。

後來有一天，我換個方式問自己：「如果公司破產了，我會怎麼做？」答案把我自己也嚇了一跳：「我會從響雲端買下內建軟體Opsware，免得它隨著公司倒閉而銷聲匿跡，然後成立一家軟體公司。」Opsware是我們自行研發的軟體，可將響雲端的運作全數自動化，包括伺服器與網路設備的供裝（provisioning）、應用程式的部署、災難復原等等。我接著又自問：「能否在不倒閉的情況下做到這點？」

如果要從雲端產業轉戰軟體業，我們公司會怎麼辦？我腦海中浮現幾個不同的情境，在每個情境中，首先都是把Opsware從響雲端切割出來。當初開發Opsware軟體，完全只能在響雲端的環境下運作，而且限制很多，無法成為在任何環境下皆可運作的單一產品。我問共同創辦人兼技術長豪斯，要把Opsware獨立出來需要多久時間。他說要九個月左右，事後證明，說九個月太樂觀了。我立刻指派十人工程小組，開始著手這項我們稱之為「氧化物」專案的再生工程。

這時的我們仍屬於雲端企業，雖然我心中另有腹案，但沒向任何人透露過蛛絲馬跡，深怕一說出口，反而破壞了目前僅有的業務，畢竟大家都想把眼光往前看，執著在舊產品沒意義。於是我說「氧化物」只是公司想經營的新產品。但這樣的說法卻讓兩名史丹佛商學院畢業的員工很憂心。他們特別安排跟我開會，還製作了投影片，向我一一說明開發「氧化物」的決定非常不明智。他們的理由是，此舉會瓜分核心業務的寶貴資源，同時產品一推出將必死無疑。我讓他們整整講了四十五張投影片，一個問題也沒發問。等他們結束後，我只說了一句：「我有叫你們做簡報嗎？」我治理公司的態度從那刻起開始轉變，因為公司已進入備戰狀態。

因為執行長職位關係，再加上我們是上市公司，公司的實際狀況只有我自己最清楚。我知道我們問題很大，能解決問題的人也只有我一個，那些不知全貌的人偏偏喜歡建議這建議那，我實在不想再聽。我想知道所有相關訊息是沒錯，但至於公司未來走向，我不要聽到其他人給建議。

公司現在進入備戰狀態，是生是死都看我怎麼決定，我責無旁貸。員工為公司賣命，因為我的決定而資遣，如果公司事後仍舊不見起色，那我就沒有推卸責任的藉口，不能說：「大環境不好。」「別人給的建議有錯。」「市場態勢變化太快。」公司眼前只有兩條路可走，不是想辦法撐住，就是死路一條。執行面雖然大部分可授權給下屬，而且多數主管也有權針對專業領域做決定，但響雲端能否撐下去，又該怎麼做，這個關鍵問題只有我一個人能回答。

二〇〇一年第四季業績勉勉強強，但全年目標卻超過原先預估的五、五〇〇萬美元，達到五、七〇〇萬美元，幅度不算大，但考量那年符合預期的公司很少，我們的表現也算一次小勝利了。股價逐漸上揚到四美元，響雲端似乎又有了希望。

為了再把業績做大，我們需要更多資本。仔細分析完財務計畫後，我們認為還需要五千萬美元，現金流量才能達到損益兩平，以後不需再籌資。有鑑於響雲端在市場的人氣，募資又出現了一線生機，唯一可行但很少人採用的做法是：以上市公司身分引進私募股權投資（**private investment in public equity**，簡稱ＰＩＰＥ）。為此，我們與摩根士丹利合作尋找私募對象，目標籌得五千萬美元。

還記得那天是星期一，我們已經準備好隔天展開說明會，我早上突然接到一通電話。「小霍，**Atriax**執行長在線上，你要接嗎？」**Atriax**是花旗銀行與德意志銀行所合辦的線上外匯交易平台，是我們最大的客戶，每月支付我們超過百萬美元的服務費用，保障合約長達兩年。我當時立刻中斷與人資副總卡莎多絲（Deb Casados）的會議。未料對方竟說Atriax已經破產，二、五〇〇萬美元的帳款完全付不出。我頓時彷彿天旋地轉，只是呆呆坐著，腦中一片空白，過了一會兒聽到卡莎多絲的聲音才驚醒。她說：「小霍小霍，要不要等下再繼續開會？」我回說：「好。」這才拖著步伐走到財務長辦公室，和他評估災情。問題比我想得還要嚴重。

由於失去Atriax生意已成事實，我們想對外籌資，不能不先公布流失了這家最大客戶，且公司財務又少了二、五〇〇萬美元。我們暫時取消巡迴說明會，發布新聞稿。新聞一出，公司股價應聲腰斬，市值立刻縮水到一・六億美元，原先籌資五千萬美元的計畫已經不可行。原本希望籌到五千萬美元達到損益兩平，但如今少了Atriax的貢獻，等於要籌七、五〇〇萬美元，根本是不可能的任務。響雲端這下完蛋了，「氧化物」計畫勢在必行。

知易行難。響雲端所有客戶與營收都來自雲端業務，公司四五〇位員工當中，有四四〇名與這塊業務直接相關。我不能讓員工知道我有放棄雲端業務的念頭，甚至連經營團隊也不能透露，就怕傳出風聲後，股價會跌到一文不值，連最後賣掉公司避免破產的希望都沒了。

我唯一能透露也信得過的人是歐法洛。他不但掌管業務與企業開發，更是我認識的人當中最會談判協商的人。打個比方，如果說人死後必須接受造物者的審判，能找一個人幫你跟造物者談判，決定你的命運。如果是我，我一定會選出身愛爾蘭家庭的歐法洛。

我跟他說，我們兩人有必要執行緊急備案，而且愈快愈好。先從我們兩個開始推動，另外還得叫其他人把重點擺對，減少公司的燒錢速度。我接著打電話給坎貝爾，讓他知道我覺得應該棄守雲端業務的理由。

坎貝爾在九〇年代初當過GO執行長，對陷入危機中的企業並不陌生。GO在一九九二年計劃打造類似iPhone的產品，最後卻釀成史上有名的創投虧損金額。我向他說明我的思考邏輯：要在不破產的前提下棄守雲端業務，唯一的方法只有靠提高營收，因為即使我們把所有員工都資遣了，如果沒有大幅拉高營收金額，我們還是會被基礎設施的成本拖垮。我又說，現金餘額縮小衝擊客戶信心，進一步會影響營收；而營收不好，現金餘額又跟著降低。聽他淡淡的一句「惡性循環」，我就知道他懂了。

我和歐法洛整理出產業生態系統，想知道有哪些企業會有興趣收購響雲端。無奈許多潛在買家也是自身難保，例如電信業龍頭Qwest與世界通訊（WorldCom）身陷假帳醜聞，而Exodus也已經破產。我們決定聚焦在三家最有希望的買家：IBM、Cable & Wirelss，以及EDS。

IBM代管（hosting）業務由親和力十足的寇爾傑（Jim Corgel）領軍，馬上便透露強烈意願。寇爾傑賞識響雲端這個品牌，也看重我們因優異技術而闖出的名號。但另一方面，EDS卻絲毫不感興趣。一冷一熱的反應讓我很擔心，畢竟這兩家企業公開揭露的資訊，我全都研究過，很清楚EDS遠比IBM更需要響雲端。購併這檔事，「需要」絕對是比「想要」更重要的考量。歐法洛說：「小霍，我覺得我們應該放棄EDS，專心在更有機會的標的。」我請他再畫一次EDS的組織架構表，看看是否遺漏了哪個可以接觸的關鍵人物。再看過一次組織表，我問他：「誰是凱利（Jeff Kelly）？」歐法洛頓了幾秒，說：「咦，我們還沒找過凱利，他搞不好有能力做決定。」

接觸過後，凱利果然有興趣。找出兩家潛在投標企業之後，我們的執行計畫正式啟動。我和歐法洛兩人深知時間緊迫，於是努力在IBM與EDS之間營造出事不宜遲的氣氛，更在公司內分別招待兩方，有時歐法洛還會耍心機，故意讓彼此在走廊遇到。最後一步則是設下時間表。怎麼做最理想，我跟歐法洛商量之後一直沒定論，畢竟我們計畫設定的截止日當然只是先充數罷了。我們那時剛好要到德州布蘭諾市（Plano）拜訪EDS，所以我提議中途順道前往洛杉磯，向歐維茲（Michael Ovitz）請益。

歐維茲除了是響雲端的董事之外，以前更有「好萊塢最具影響力人士」的封號。他二十八歲時成立演藝經紀公司，名叫「創新藝人經紀公司」（Creative Artists Agency），日後生意愈做愈好，縱橫影視娛樂產業。歐維茲的影響力也因此一飛沖天，經常能撮合出業界首見的交易安排。

抵達對方的辦公室，只見大家忙東忙西，歐維茲看上去好像同時處理十幾件事，最後還是抽出身見我們。我們向他解釋來龍去脈，表明公司現在正與時間賽跑，已經找到兩個有興趣投標的企業，卻少了讓他們衝刺到最後的具體誘因。歐維茲想了一會兒，這麼建議：

「兩位，我這輩子做過不少交易，從中學會一套做事方法，說是我的做事理念也不為過。有幾件事是我深信不疑的，我贊成設定暫時的截止日，贊成讓他們兩家去競價，也贊成只要在不犯法、不違背道德的前提下，不擇手段把交易搞定。」

歐維茲就是懂得打開天窗說亮話！

謝過他後，我們前往機場。我們分別致電ＥＤＳ與ＩＢＭ，通知他們會在兩個月後把響雲端賣給他們其中之一，如果有意願，請在期限內行動，不然就立刻收手。歐維茲建議的截止日做法正式啟動。我們知道有可能過了截止日還沒有結果，但歐維茲的那一席話給了我們信心，有截止日總比沒有好。

經過七週時間，我們與ＥＤＳ達成協議。對方要以六、三五〇萬美元現金買下響雲端，並吸收相關債務與現金耗損（cash burn）。而我們保有Opsware的智慧財產權，轉型為軟體公司，再由ＥＤＳ以每年兩千萬美元，向我們購買軟體使用授權，用於響雲端與規模較大的ＥＤＳ本身。對我而言，這是創造雙贏的一場交易，絕對比公司破產要好上許多。我如釋重負，彷彿這一年半以來第一次終於能夠深呼吸。話說如此，要賣掉響雲端還是一件痛苦的事，因為大約有一五〇名員工要跟著轉到ＥＤＳ，另外還得資遣一四〇人。

我打電話給坎貝爾，告訴他收購案成交的好消息，而且週一要在紐約公布。他的回答是：「太可惜了，你不能去紐約親自公布。你應該派安德森去。」我說：「為什麼？」他回說：「你必須留在公司坐鎮，讓每個員工都知道他們未來何去何從，一天都不能等，其實現在就要開始才對。員工有必要知道他們之後是要跟你、跟ＥＤＳ，還是要找新工作。」還真被他說對了，我竟然沒想到這點。於是，我請安德森到紐約公布消息，自己則留在公司向大家解釋未來方向。事後證實，坎貝爾的建議確實中肯，如果不給資遣員工一個合理公平的交代，留下來的人以後又怎麼肯信任我呢？我們又怎麼可能把公司重建起來呢？只有經歷過大風大浪的執行長，才會有這層體會，在關鍵時刻點醒我。

第3章

關關難過關關過

朝著唯一的方向獨行，
追求完美不怕跌倒。

——傑斯（Jay Z），〈下一步〉（On to the Next One）

響雲端賣給EDS後，我覺得公司體質改善許多，但股東卻不認同。客戶、營收來源，以及他們能夠理解的業務，全被我賣了。每個大股東陸續撤資，股價跌至〇．三五美元，市值縮水到大約只有帳上現金的一半。公司之前的情況有多惡劣，只有我最清楚；公司未來要怎麼走，也只有我最了解，所以我決定把員工帶到公司以外的環境，再次向大家說明未來的機會。

我在聖塔克魯茲市（Santa Cruz）一家廉價汽車旅館訂了四十間房間。帶著剩下的八十名員工住了一天一夜，晚上吃吃喝喝，隔天找機會跟大家說明Opsware的前景。我盡我可能據實以告：

「我所知道的、所認為的前景，各位現在都聽我報告完了。華爾街的人覺得Opsware沒有搞頭，但我對它有信心，如果各位不認同，我也能了解。全新的公司，全新的挑戰，所以我今天會發放新股給每個人。唯一的要求是，如果有人決定離職，請今天就馬上走，我會幫你找到工作，不會不管你的死活。我們需要知道各位的立場，誰願意留下來打拚，讓我們無後顧之憂。我們沒辦法再耗時間等死，大家有必要開誠布公，讓我們知道各位的決定。」

當天有兩個人離職。留下來的七十八名員工，在五年後我們賣給惠普時，也只有兩人選擇離開。

會議結束後，拉高股價成了我的首要之務。我從那斯達克收到一封短信，表示若我們無法把股價提高到一美元以上，就會將我們「下市」，成為雞蛋水餃股。董事會這時討論怎麼做最好，是該反向分割、買回庫藏股，還是選擇其他方案，毫無定論，但我覺得只要向投資人多加介紹公司，就有希望逆轉勝。我的說法很簡單：我們有個優秀的團隊、帳上現金有六千萬美元、與EDS簽有一年高達兩千萬美元的合約，還握有關鍵的產品專利。我這個執行長做得也不差，所以公司至少值三千萬美元以上。市場認同我的說法，我們的股價再度站上一美元。

接下來是產品部分。當初Opsware軟體完全是為了響雲端而開發，但還無法大眾化，有些程式碼甚至刻意設計，只能用於我們大樓的實體設備。其他的問題也不少：使用者介面完全不及格；管理系統網路的元件稱為Jive，首頁還有一個紫色皮條客帽子的圖案。「氧化物」計畫雖然有了好的第一步，但工程師還是很擔心，認為我們的軟體在進入市場之前，還有許多應該增加的功能，因此列出一長串讓我看，還說競爭對手的產品比我們更完整。

聽他們反對這反對那，我心裡愈來愈清楚一點：工程師之所以會想增加那些功能，出發點都是以前響雲端的規格要求。雖然百般痛苦，我知道唯有打進大眾市場，才能真正了解市場需求，進而推出適合的產品。弔詭的是，要做到這點，唯一的做法是先求有再求好，把還不完美的產品賣出去，這樣雖然會跌得很慘，但至少能快速學到教訓，找到求生方法。

最後，經營團隊也有待重整。我們的財務長不懂軟體業務如何記帳，業務部主管從來沒賣過軟體，行銷部主管不了解這塊市場。他們以前的工作表現都很傑出，但在Opsware裡卻不適任。我不得不請他們走人。

策略有了，團隊也調整完畢，業務開始出現起色。新客戶穩定增加，股價也從〇．三五美元新低上揚到七美元以上。感覺公司終於脫離谷底。

但我想得太美了。

還有兩個月可活命

Opsware營運了幾季後，我們接獲第一大客戶EDS的壞消息。說第一大客戶其實還不足以形容EDS的重要，我們整整九成的營收都是EDS的貢獻。他們在部署Opsware軟體時遇到許多技術問題，導致建置速度緩慢，業績目標也無法達成，對我們很不滿，想要終止合約，要求退款。但如果把錢退給EDS，Opsware也完了。如果跟這家占了我們九成營收的衣食父母起嚴重衝突，Opsware也是死路一條。我們的營運再度蒙上陰霾。

我請負責EDS業務的兩名大將會商。羅森索（Jason Rosenthal）是我人生中第一個聘請的員工，也是公司裡最厲害的主管。他畢業於史丹佛大學，記憶力超強，對於複雜專案的所有細節總能精準掌握，EDS的部署工程由他負責。

萊特從小在匹茲堡龍蛇雜處的地區長大，父親是著名的格鬥選手喬．萊特（Joe Wright），他自己更拿過幾種武術的黑帶。白手起家的萊特，做起事來勇往直前，絕不輕言放棄，能夠迅速看穿一個人的性格與動機。有個團隊成員稱他是把死人說成活人的高手。萊特是負責EDS的客戶關係經理。

我先是評估哪個環節出錯，結果發現一大堆問題。EDS的工作環境一團亂，不同客戶、不同年代的網路與基礎設施，他們都有了。他們的資訊中心撥接速度還停留在56k，殊不知其他客戶的網路速度起碼是他們的二十倍以上。EDS的作業系統太老舊，根本無法支援執行緒（thread）等基礎技術，因此無法使用我們的軟體。工作人員也不是我們派過去的，常發現他們下午在資料中心打瞌睡。他們缺乏衝勁，工作起來也不開心。除了對方有問題之外，我們的產品也有不少錯誤和瑕疵，在在成了對方想要中斷合作的理由。

我好一會兒沒出聲，搔了搔頭，仔細想好用字，接著講出下面這番話：

「我知道問題很大，也十分感謝兩位的努力，但我之前可能沒把話講清楚。我們現在的情況不能找理由來搪塞，我們非成功不可！丟了EDS這家客戶，我們只有死路一條。之前公開發行、矕雲端逃過破產的命運，還資遣了許多員工，所有的辛苦全都會白費。所以我們只許成功，不許失敗。

「羅森索，公司都聽你指揮，你需要什麼資源，我一定幫你備妥。萊特，羅森索會想盡辦法做到讓ＥＤＳ滿意，但要做到百分之百滿意是不可能的，所以我要你負責找出有哪些附加價值可以提供給ＥＤＳ，也就是他們除了必要之外，還想要什麼東西。不管你找到什麼答案，我們會盡全力完成。」

羅森索和萊特隨即前往德州布蘭諾市，與ＥＤＳ人員會面。他們兩人不知道決策者是誰，開過一個又一個會議，問題還是沒有解決，但他們最後總算接觸到強森（化名）。身材高大的強森在奧克拉荷馬州油田區長大，畢業於西點軍校，ＥＤＳ所有能碰到伺服器的員工都歸他管。萊特與羅森索大談Opsware軟體的優點，強調能為客戶節省成本。

強森聽了一會兒，把辦公椅往後推，站起來便破口大罵：「你們他媽的真想知道我對Opsware的看法嗎？我覺得這套軟體根本是廢物！我每天只聽到大家抱怨它有多爛。老子一定要想辦法把你們這些人趕出去。」

強森更表示他會立即解除我們的軟體，要求全額退款，態度相當強硬。

萊特不改其色，直視著他說：「強森，你說的我都聽見了，我會照辦。這段時間對你們、對我們都不好過。我可否借個電話，向執行長說明你的指示。但我能不能先請教你一件事？如果我們公司保證會把問題解決，你願意給我們多長的期限？」

他回說：「六十天。」萊特回他一句：「既然如此，事不宜遲。」之後便立刻離開辦公室。這是好消息，因為我們有整整六十天時間能夠解決問題，把建置工作做到好。不成功便成仁，我們只有兩個月可以活命。

我早年闖蕩職場就學到，大企業要推動業務時，最後做決定的人只有一個，工程也可能因為他而延宕。工程師可能因為在等上級做決定而無法行動；主管要進行重大採購案，但可能覺得沒有權限作主。這些看似無關緊要的猶豫反覆，容易造成業務一拖再拖，後果不堪設想。事情已經不能再等，我立刻要求跟萊特、羅森索與其他團隊成員每天開會，即使他們現在已駐守在布蘭諾市，也照開不誤，無非希望能夠排除所有障礙。如果有人卡在某個問題，一定要盡力在隔天開會前解決。

在此同時，萊特積極尋找能提供ＥＤＳ何種附加價值。我們先從小處做起，雖然對於扭轉業務沒有幫助，卻能透露出有關對方的重要資訊。我們提供免費機票給負責Opsware軟體的ＥＤＳ主管強森，安排他與我們的工程師及架構師會面。訂機票的過程中，萊特提到強森要求轉機時間愈長愈好，想多待在機場裡。我乍聽還以為聽錯了：「咦，他希望轉機時間很長？」

萊特：「沒錯！」

我：「怎麼會有人想耗在機場裡？」

萊特：「偏偏就有！他喜歡在機場酒吧裡消磨時間。」

我：「為什麼？」

萊特：「這個問題我也問過他了，他說是因為他痛恨這份工作，也討厭回家。」

我的媽啊，不講還真不知道他是這麼一號人物。這個發現讓我的思緒茅塞頓開，原來他打從心底就覺得會被我們害慘，因為他的工作經驗一向如此，私生活想必也差不多。我們需要另類思考，讓他卸下心房，讓他像光顧機場酒吧一樣放鬆，看到我們不會聯想到工作或家庭。

同一時間，羅森索快、狠、準帶領團隊完成建置工作。工程進行一個月後，西南航行聖荷西到達拉斯線的機組人員都認識羅森索的團隊了。雖然工程進度穩定，但還不夠快，要在兩個月內完成部署似乎無望，如今勢必要靠萊特找出能帶給EDS的附加價值。

正在辦公室裡祈求進度有所突破時，我的手機突然響起，是萊特打來的。

萊特：「小霍，我覺得我找到答案了！」

我：「找到什麼？」

萊特：「你說的那個附加價值是Tangram。」

我：「什麼？」

萊特：「Tangram公司。EDS用他們的產品來盤點軟硬體存貨。強森很喜歡這套產品，但採購部正在設法要他改用組合國際電腦（Computer Associates）的類似產品，因為EDS先前曾與對方對簿公堂，和解的條件之一是由對方免費供應該產品。強森很討厭CA的產品，他覺得自己又被設計了。」

我：「那我們該怎麼做？」

萊特：「如果Tangram產品能隨著Opsware免費提供，強森一定會愛死我們。」

我：「從成本角度來看是不可能的任務。如果我們買下Tangram的授權，再提供給EDS，支出會太高。華爾街絕對不會懂我們的策略。」

萊特：「你要我找出EDS想要的東西是什麼，我找到的答案就是Tangram。」

我：「了解！」

我從來沒聽過Tangram這家公司，立刻研究一番後，這才發現對方是一家位於北卡羅萊納州卡瑞鎮（Cary）的小公司，卻在那斯達克掛牌上市。我查了他們的市值，又覺得兜不攏。查雅虎財經網站，對方市值竟然只有六百萬美元，我頭一遭看到這麼便宜的上市公司。

我趕緊打電話給業務開發部門主管歐法洛，表示想買下Tangram，而且要盡快完成，趕在

ＥＤＳ設下的兩個月日期前結束。

這時的Tangram由臨時執行長費普斯（Norm Phelps）主導，表示他們會願意出脫公司，因為大多數的董事會通常寧可把公司賣掉，也不願另找執行長，以免徒增風險。歐法洛聯絡上Tangram，對方馬上表達有意願。於是我們一方面籌組盡職調查（due diligence）小組，一方面展開購併協商。盡職調查工作結束後，我把團隊叫過來商量。不經太多考慮，大家都一致認為不宜收購Tangram。理由包括：對方的技術不容易整合，價值也不高；對方位在北卡羅萊納州；對方已有十五年歷史，使用的技術也已老舊。財務團隊還覺得收購Tangram是穩賠不賺。我聽完後跟大家說，剛才那些理由我都不在意，我們是買定了。大家露出驚訝的表情，但沒人頂嘴。

我和歐法洛聯手與Tangram協商，最後底定以現金加股票共一千萬美元收購，更在兩個月的期限內拍板定案。我打電話通知ＥＤＳ的強森，說等收購案完成後，我們會免費提供Tangram軟體，當作是Opsware合約的一部分。強森聽了喜出望外。原本必須捨棄Tangram軟體，現在問題竟被我們解決，強森對於羅森索的團隊表現也已改觀。兩個月期限到了，強森召集我們的團隊，說了以下這段話：

「記得安裝過程剛開始時，我跟大家先禮後兵過，同樣的話我對其他十幾家業者也講過。他們都把話講得很漂亮，最後卻都辦不到，你們卻真的說到做到，我很驚訝。你們是我合作過最好的公司，我很樂意跟你們合作。」

我們辦到了！不僅保住客戶，也救了公司，心中大石頭總算可以放下！但別忘了我們才剛買下Tangram，它的未來與旗下五十七名員工還等著我們處置。有些決策不難：業務人員的成績不佳，十個可以淘汰掉九個。有些決策則複雜得多：比如是否維持北卡羅萊納據點？我們最後決定留住總公司，把客服業務搬到別處。因為考量流動率與招募訓練成本之後，在北卡羅萊納總公司養工程師反而比到印度班加羅爾找人才還便宜。幾年過後，證實買下Tangram的決定是對的，不但幫我們保住EDS這家客戶，同時也成了我們的金雞母。

收購案談判的過程中，我們雙方認定Tangram財務長奈利（John Nelli）不會加入Opsware。但在簽訂協議到正式定案這段期間，奈利開始出現嚴重頭痛的問題，經診斷後證實為腦癌。由於他不能算是Opsware員工，腦癌也是在原公司就有的疾病，因此我們公司無法幫他辦理健保。少了健保給付，他的家庭有可能被醫療費拖垮。我問人資主管，如果讓他留任到可以申請健保，我們這方需要付出多少成本，而健保費支出又需要多少。結果大約要二十萬美元，對於我們這個差點自身難保的公司是一筆大錢。再說，我們也不算認識奈利，照理沒有「虧欠」他，那是他的個人問題，我們公司都已經是苦撐了，哪有閒錢做善事。

但我們公司畢竟還在，他卻有可能沒了性命。我決定擔下他的健保支出，設法從其他地方找經費。做了決定後，我一直沒再多想，但十五個月後收到他妻子親手寫的信，通知我奈利已經病逝。她信中提及當初的震驚，我竟然願意慷慨幫助一個陌生人與他的家人，讓她沒有淪落到整天愁雲慘霧的地步。她還花了好幾段的篇幅說不知道我為何會伸出援手，卻因此更有勇氣活下去，對我終身感激。

之所以會幫忙，我猜是因為我也嚐過絕望的滋味吧。

適者生存

EDS的危機一解除，立刻又冒出壞消息，原本預定能簽到的客戶竟然轉變心意。有一家優異的新進業者竄出頭來，叫BladeLogic，搶到幾家重要的大客戶。我們輸了幾回標案，結果當季業績不如預期，股價再度下跌到二．九〇美元。

怎麼又淪落到如此下場……。

產品輸別人、股價直直落、工作團隊也已經精疲力竭，我知道這下子問題嚴重了。更糟糕的是，從響雲端到Opsware以來只跟我共事過、一直擔任「全職董事長」的安德森，決定自立門戶，成立Ning。Opsware這時是成是敗，完全只能靠我和經營團隊的能力，但事情發生得不是時候，公司不但業績逐漸萎縮，連我們的最佳代言人也即將求去，實在是倒了八輩子的楣。工作團隊歷經先前這麼多挫折，我怎麼還有辦法叫大家加油，再攻下另一座山頭？我自己又怎麼還有力氣往前衝？

我再也想不出鼓舞人心的話，決定向工作同仁說清楚講明白。我召集大家，說了以下這段話：

「有幾個壞消息跟大家報告。我們現在被BladeLogic打得落花流水，這是產品出了問題。如果問題不解決，我只好把公司賤賣出去。如果不把產品做到最好，我們絕對活不下去。所以我在這裡想請大家配合一件事，今天晚上回家後，跟家人好好談一談，說公司未來半年需要你全力衝刺。我希望各位早進晚退，我會幫各位張羅晚餐，也會跟各位一起並肩作戰。請大家務必知道，我們手上的槍只剩一顆子彈，非擊中目標不可。」

要求大家再為公司犧牲小我完成大我，我當時覺得自己很糟糕，但寫這本書的時候，我突然發現應該慶幸才對。葛斯曼（Ted Crossman）是公司最優秀的工程師之一，他在多年後提到當初「達爾文專案」（Darwin Project）啟動時的心情：

回想起響雲端與Opsware的工作，我覺得達爾文專案是最有趣也最辛苦的時期。連續半年我一星期工作七天，早上八點開始，到晚上十點才下班，很拚。我每星期會找一天晚上跟老婆約會吃飯，從六點到半夜的時間都只給她一人。隔天即使是週六，我還是準時八點鐘就到辦公室報到，一直工作到晚餐時間，每天回到家都已經十點、十一點。不是只有我這麼拚，所有同事都是如此。

公司交代的技術要求很高，大家必須腦力激盪想出解決之道，把產品實際做出來。過程很辛苦，卻充滿樂趣。印象中那時沒有人因受不了而離職。大家都知道一定要成功，不然就只好捲鋪蓋走人，所以成了生命共同體。很多菜鳥更是擔起重責大任，就好比剛學會游泳就被丟進汪洋大海裡，對他們是很難得的學習經驗。

半年後，我們的概念性驗證突然開始贏得客戶的青睞，小霍做得很好，不但給我們意見，工作完成後也會給大家鼓勵。

事過境遷八年，才來讀這段文字，我忍不住熱淚盈眶，因為我不知道他們有這樣的感受。我自以為對大家要求太多，自以為好不容易沒讓響雲端破產，又遇到這次重大危機，大家應該已經鬥志全失。沒想到事實並非如此。

語重心長完成那段精神談話後，便要著手解決產品定位的難題。在既有客戶提出千百種要求之下，產品在規劃階段時處處受限。產品管理團隊一聽客戶想要什麼功能，就立刻擺在研發首位，卻沒想過其他有可能打敗BladeLogic的功能。他們的說詞是：「已經確定的功能，我們怎麼可以放棄，反而去追求自以為會有幫助的東西呢？」

但產品策略的道理不正是如此嗎？摸索出最適合的產品，是研發人員的工作，不是客戶的工作。客戶只是根據使用既有產品的經驗，提出要求；研發人員可以考量所有可能方案，但常常必須跳脫框架才能做出好產品。因此，研發需要具備知識、技術與勇氣的綜合能力，有時只有公司創辦人才有拋下數據往前看的勇氣。我們公司的時間有限，所以我必須出手干預。

「客戶現在有什麼要求，我全都不在乎，我要各位研發出全新的產品，勢在必得！」九個月之後，新產品正式出爐，我們有信心拿下各大客戶。有了新產品在手，業務部主管柯蘭尼（Mark Cranney）準備開戰。

他籌組一支頂尖銷售團隊，徹底整頓銷售流程，要求每個銷售人員都接受魔鬼訓練，凡事非做到最好不可。銷售技巧或資訊稍有閃失，他絕不寬容。

在每週的業績預估例會裡，柯蘭尼會當著全體一五〇名銷售人員面前，逐一檢討每個案子。有次有個銷售人員在報告客戶進度時，說得很仔細：「對方的專案負責人、他的直屬副總，以及採購部主管，都表示會跟我們合作。專案負責人還向我保證，會在這季結束前定案。」

柯蘭尼立刻回了一句：「那你跟網通部門的主管談過了嗎？」

銷售人員：「呃……還沒。」

柯蘭尼：「你自己跟那個副總談過了嗎？」

銷售人員：「也還沒。」

柯蘭尼：「你聽好了。我建議你第一先不要傻傻分不清楚，第二去把耳屎清乾淨，然後別像娘們一樣，現在就給我立刻打電話給他們副總，因為你能不能拿到案子，八字都還沒一撇哩！」

柯蘭尼說得對，事情根本還沒確定，因為他們的網通部門主管在擋這件案子。我們最後找到機會與他會面，拿下案子。從這件事可以看出柯蘭尼的做事風格：絕不縱容半調子的工作態度。

競爭力加強之後，我們開始展開攻勢。我在每週員工例會裡加了「沒做事項」項目。員工會議通常焦點放在產品開發、產品銷售、客戶支援、員工招聘等等，針對這些日常營運工作進行檢討評估，提出改善之道，但有時候，現在沒做的事項才是應該注意的方向。

我有次開會問大家這個問題，每個人都認同：「我們沒做到網路自動化。」我們用於響雲端的第一版Opsware軟體，雖然能將網路自動化，但功能並非完善，而且介面還停留在有那個皮條客帽子的標誌。後來轉型成軟體公司之後，便把焦點集中在伺服器自動化，一直沒再討論網路自動化的議題。這樣的安排在Opsware營運前幾年都還成立，但現在機會來了，我們應該趁機再推出網路自動化產品。

可惜Jive的程式庫並不健全，無法改良成商用產品。我有幾個選擇：不是重新研發，就是收購市場上四家網路自動化公司的其中一家。早年當工程師時，我學到在寫下第一行程式碼之前，所有決定都是客觀的，之後的決定都開始帶有個人情緒。再加上我們的大將歐法洛是業界最厲害的購併談判專家，所以我決定先考慮收購的可能性，不成的話再自行研發。

分析完四家網路自動化業者之後，我們認為Rendition Networks的產品架構最優異，但沒料到他們的營收最低，導致我們的技術評估結果遭到內部有些業務人員質疑。但根據我的經驗，常識不一定是事實。有效市場假說不一定成立（譯註：該假說認定投資人的決策完全理性），否則Opsware每年合約金額高達兩千萬美元，又有五十名頂尖的工程師，市值怎會只有在手現金的一半。但事實上，市場並不會理性地找到真相，而是會理性地凝聚出一個結論，而且通常是錯誤的決定。

達到收購比自行研發更有利的共識後，我們開始與Rendition Networks協商，提議以三、三〇〇萬美元買下對方。收購案底定後不到三個月，歐法洛與全球網通設備龍頭思科（Cisco）達成轉售協議，其中需預付我們三千萬美元購買進階版授權。也就是說，光是成交思科這筆案子，就回收了九成以上的收購成本。

這件事讓我學到：有時要自問有哪些該做卻沒做的事？

下台一鞠躬

產品線拓展完成，業績跟著穩健成長。我們從谷底慢慢建立起軟體公司，年營收高達一．五億美元。在營收亮眼的激勵下，股價從〇．三五美元的低點，上揚到六至八美元區間，有時市值甚至超過八億美元。

雖然如此，營運並非一片光明。每一季都是硬戰，市場競爭態勢與技術變化迅速。虛擬化（virtualization）技術在市場掀起一股旋風，讓客戶紛紛重新思考網路環境自動化的可能。我甚至覺得虛擬化是技術的一大突破，有機會將雲端運算升級成更可行的營運模式。除此之外，經營上市公司本來就不容易，還記得有個名叫海蔓（Rachel Hyman）的行動派股東覺得我太過自大，要求董事會把我拔掉，立刻賣掉公司，完全無視於公司當時股價有七美元的表現，是她成本價的十倍。

但我並沒有退場的準備。每次遇到有企業表達收購意願時，我的標準答案都是：「我們不賣！」一來明確表達我還沒準備好要把公司賣掉，二來又沒把話說死，遇到積極的買方還是願意考慮。說不賣，並不表示我們把有興趣的人拒於門外，只是我們當時沒有賣掉公司的計畫罷了。因此當EMC暗示有意收購我們的時候，我完全不予考慮。我們的股價當時約在六．五美元，我當然不會在這種行情之下賣掉公司，但因為消息走漏，遭到媒體報導，帶動股價飆到九．五美元，尤其是現在股價沒來由地亂漲一通，帶動公司身價跟著往上衝，豈有不趁機思考未來走向的道理。

沒想到股價愈高，有意買下我們的公司就愈多。短短一個月的時間內，已經有十一家公司感興趣。由於市場態勢不明朗，再加上股價本益比有想像空間，讓我不得不正視賣掉公司這個選項。

我和歐法洛第一步先打電話給歐維茲，向他請教。幾家可能出價投標的公司也包括甲骨文，但他們的財務可行性分析特別嚴謹，因此我們覺得價格不會太漂亮。我們問歐維茲該不該考慮甲骨文，還是根本就放棄。他給了一個用錢也買不到的答案：「如果你們想要辦一場賽狗，就一定要有假兔子。甲骨文的角色就是那隻假兔子。」

心中有了這個策略之後，我們擬出各種不同的收購方案，標價換算下來都在每股十到十一美元之間，最高價比股票現價還高出三八％。雖然溢價空間算是相當好，但想到大家多年來拚死拚活，好不容易打造出這麼優秀的一家公司，要我以十一美元股價賣給別人，我於心何忍。維持現狀的風險很大，但我還是對工作團隊有信心，因此向董事會建議不要賣掉公司。

驚訝之餘，董事會仍給予支持的態度，但他們畢竟對股東有責任，所以向我提出幾個重大問題。「股價十一美元你不賣，那要到什麼價格你才會行動？」這還真是考倒我了。我曾經向經營團隊保證，如果我們能在市場規模大的情況下，拿下第一名的位置，就不會賣掉公司。現在的我們已經是市場龍頭，但市場規模有多大呢？經營團隊是真的想繼續下去，還是只是我一意孤行？我要怎麼知道答案，同時又不會驚動公司呢？於是，我開始了一連串深度的自我對話。

正反兩面我都認同，很難決定怎麼做最好。一方面，我認為虛擬化技術會帶動虛擬伺服器執行個體（instance）出現爆發性成長，我們的業務會更為重要。但另一方面，我又覺得不對，架構的轉變會導致我們喪失市場優勢。這樣天人交戰了幾星期，我得出一個結論：市場態勢日新月異，我們的產品架構也得跟著大幅變動，才能持續走在市場前端。要回答這個重要問題，關鍵在於知道經營團隊現階段的心態。他們還有心面臨另一個大考驗嗎？還是覺得這一路走來也差不多了？我決定讓直屬下屬知道情況，詢問他們的想法，這才發現，只有一個人覺得未來仍有龐大商機，其餘都選擇賣掉公司。既然如此，眼前的問題就只剩價格了。但我們要賣多少錢呢？

與歐法洛長談之後，我決定以每股十四美元的價格賣掉公司最合理，相當於十六億美元。董事會聽我提出這個數目，覺得太貴，不太可能有公司會出價，但還是支持我的決定。我通知每一個有興趣的收購方，表示我們只接受一股十四美元以上的出價。沒人採取行動。

一個多月過了仍不見風聲，我心想應該沒機會了，開始重新聚焦在業務轉型，力求提升公司競爭力。有天突然接到ＢＭＣ軟體（BMC Software）執行長鮑川（Bob Beauchamp）的電話，表示願意出價一股一三．二五美元。我不讓步，說：「鮑川，價格是很漂亮，但我們的底線是十四美元。」鮑川表示需要多一點時間考慮，兩天後又打電話過來，出價每股十四美元。哇，看來賽狗策略奏效了！

事不宜遲，我和歐法洛馬上聯絡其他有興趣的公司，宣稱已經有人出價，我們準備接受。這時仍有意願的惠普，出價每股一三．五美元，想試探我是否在唬人。我回說我身為上市公司的執行長，不能接受低於十四美元的價格。惠普最後出價一四．二五美元，相當於一六．五億美元現金。成交！

從響雲端到Opsware，花了我八年時間，所有精力都貢獻在其上，現在卻拱手賣給別人，我實在不相信自己怎麼可以做出這種事？我一度心神不寧，又是失眠，又是冒冷汗，也會吐還會哭，但有天突然體認到，這是我工作生涯中做過最聰明的一件事。公司從零到有，後來歷經破產邊緣又救了回來，最後發展成一家身價一六．五億美元的事業，難道不值得慶賀嗎？

這樣看來，我的職場生涯似乎已經走到高點。我延攬過最優秀的人才，公司從創立到上市再到賣掉的過程，我每一步也都親自走過。要我再來一遍，我當然不願意，但我在過程中學到太多東西，如果不多多發揮，反而跑去從事完全不同的領域，似乎太可惜。就在這時，我有了成立新型創投公司的構想。

這部分留待第九章再討論。在接下來第四章到第八章的篇幅中，我會先介紹成立響雲端與Opsware的創業心得，也會分享一些實例，希望對各位創業人有幫助。

第4章

愈挫愈勇

想了解限定問題與非限定問題的差別，有幾種不同的框架可以參考。如果以數學來説明，就是微積分與統計學的差別。微積分主宰限定的世界，特定的事物可以精準而定量計算。火箭要前進月球，必須隨時計算出方位，沒辦法讓你發射後再一步一步想辦法，是要去月球？木星？還是在宇宙迷失方向？九〇年代有很多公司就像這樣，彷彿發射了火箭，卻不知道要落在哪裡。

反觀如果是非限定的未來，想認識世界的運作，最重要的方法是透過或然率與統計。未來會是何種面貌，取決於鐘形曲線（bell curve）與隨機漫步（random walk）。從標準教學法的角度來看，應該主張中學不必教微積分，而是用統計學來取代，因為後者很重要，也確實很實用。市場的想法開始有明顯的轉變，認為統計思維才是推動未來的主要力道。

——傑斯（Jay Z），〈下一步〉（On to the Next One）

嚮雲端時期，我正在想辦法出售雲端運算服務業務的時候，有次與坎貝爾會面，讓他知道最新進度。事關重大，如果賣不出去，公司只有破產一途。

當時IBM與EDS都有意收購，也與我們進入協商階段，我將進度仔細向坎貝爾說明，只見他想了一會兒，眼睛直視著我說：「小霍，你除了繼續與對方交涉之外，還要再做一件事。單獨去找公司法務長，為公司破產做準備。」從別人的角度來看，坎貝爾無非是出於謹慎，要我擬定緊急方案，以防萬一。但我從他的聲音和眼神卻能知道，他覺得我們絕對會動用到緊急方案。

這席話讓我想到朋友講的一則小故事。他哥哥是位年輕醫生，有次有個三十五歲的病人來看病，臉色十分憔悴，眼窩凹陷，膚色蒼白。我朋友的哥哥知道對方不對勁，卻找不出原因，所以請前輩來一起診斷。老醫生經驗豐富，診斷後請病人回去，轉頭跟我朋友的哥哥說：「他沒救了。」我朋友的哥哥聽了很訝異：「你在說什麼？他剛才不是活得好好的嗎？」資深醫生回說：「他已經沒救了，只是現在還不知道而已。他之前心臟病發過，那麼年輕就發病，身體還沒辦法適應，所以復原不佳，以後更不可能復原，沒救了。」三週之後，那名病人確實走了。

我覺得坎貝爾彷彿在說，雖然我還在努力尋找收購方，但其實公司已經無望，只是我不知道而已。我的情況這麼糟糕，他實在很難啟齒，但也只有真正的好朋友才願意鼓起勇氣說真話。那席話聽在我耳中更是刺耳，等於是要我做好心理準備，事先處理好財務，等待最終的死期。當時科技產業腥風血雨，能夠簽下可救公司一命的交易，機率微乎其微。也就是說，我沒救了。

那份緊急方案我從來沒擬過。響雲端在第三輪募資與申請上市階段遇到重重挑戰，我在那時學到很重要的一課：新創企業的執行長不應該玩機率遊戲。創業人遇到問題時，一定要相信能夠找到答案，不能只想著找到答案的可能性有多高，而要全神貫注解決問題。不管機率是十分之九還是千分之一都不是重點，你的任務不應該因機率高低而改變。

所幸，我最後成功將公司賣給EDS，免於淪落到破產的下場。我不氣坎貝爾，至今仍衷心感謝他的肺腑之言，讓我知道公司存活的機率。但我這個人不相信統計學，我認同的是微積分。

經常有人問我：「執行長的成功祕訣是什麼？」但我並沒有祕訣可以分享，只知道厲害的執行長都有一個能力，那就是在沒有好棋可走的時候，依舊能專注精神，走出最好的一步。正是在這段最想一走了之的時候，執行長最有可能有不同凡響的作為。我在本章會提供幾個熬過陣痛期的心得，教你怎麼做才能堅持不放棄、不會焦慮到頻頻嘔吐。

大部分的商管書教人如何正確經營公司，避免出包，這章講的心得不一樣，要教大家如果真的搞砸了該怎麼處理。還好我這方面經驗豐富，很多執行長也不遑多讓。

這章討論公司營運陷入谷底時的做法，例如如何開除主管、如何資遣員工等等。一開始就提這些嚴肅的話題，是因為我想遵循武士道的首要精神：置生死於度外。武士若能抱持不怕死的心態，把每天都當作人生的最後一天來活，他處事更能進退有據。同樣的道理，執行長如果記住以下的心得，則無論是徵人、訓練員工，還是凝聚企業文化，都能謀定而後動。

掙扎期

每個創業人最初都懷有明確的願景，成功勢在必得。你志在打造一流的工作環境，找到最頂尖的菁英人才，一起研發出深受客戶好評的好產品，為美好世界貢獻一點心力。啊，這一切多麼美好！

沒日沒夜朝著願景邁進，一段時間後，你有天午夜夢迴，驚覺公司營運不如預期順利。剛成立公司時，你聽了推特創辦人多西（Jack Dorsey）的創業經，覺得有志者事竟成，現在卻發現沒那麼簡單；產品出現難以解決的問題；市場態勢不好；員工對公司愈來愈沒信心，有些人選擇離職，其中不乏幾個特別優秀的，導致留下來的人開始思考去留；現金流量愈來愈低，創投公司說歐洲即將爆發經濟危機，現在要籌資不容易。輸掉重要案子、丟了忠實客戶、走了優秀員工，壓力四面八方湧入，你究竟是哪裡做錯了？公司為什麼表現不如預期？你夠格當執行長嗎？當美夢轉眼變成惡夢，你開始陷入掙扎期。

掙扎期的辛酸誰人知

人生是一場掙扎。

——馬克斯（Karl Marx）

掙扎，因為你質疑自己當初何苦要創業。
掙扎，因為別人問你為何不放棄，但你也不知道答案。
掙扎，因為員工認為你在騙他們，而你覺得似乎被他們說對了。
掙扎，因為你開始食不下嚥。
掙扎，因為你覺得自己不配當執行長。
掙扎，因為你知道你已經陷得太深，沒人能夠取代你來救援。
掙扎，因為大家都覺得你是大笨蛋，卻沒人能把你開除。
掙扎，因為懷疑自己逐漸變成痛恨自己。
掙扎，因為你跟別人講話時卻一句話也聽不進去，心中只想著自己的煎熬。
掙扎，因為你希望痛苦不要再來。

掙扎，因為你不快樂。

掙扎，因為你去度假減壓，心情卻更加沈重。

掙扎，因為你置身人群中卻更加孤獨。

掙扎，因為無法自怨自艾。

承諾辦不到，夢想破滅，是煎熬；直冒冷汗，是掙扎。五臟六腑不停翻攪，感覺就要吐出血來，是掙扎。

掙扎，不是失敗，卻是失敗的種子，尤其是在你脆弱的時候。

大多數人都不夠堅強。

不管是賈伯斯還是臉書創辦人祖克柏（Mark Zuckerberg），每個一流的企業執行長都曾經度過掙扎期，過程百般痛苦，所以你也不會例外。但這並不表示最後能成功達陣，敗下陣來的所在多有，所以這個過程才叫掙扎期。

度過掙扎的痛苦，才有偉大。

健康心態與不健康心態

如何度過掙扎期，沒有標準答案，但下列幾個心態對我個人很有幫助：

■ **別把壓力全往自己身上攬**。你可能會覺得，同樣一件事已讓你夠心煩了，如果讓同仁知道，他們肯定更心煩。其實恰好相反。你是公司的最終負責人，公司若出現虧損，沒有人比你承受更大壓力、更有切身之痛。遇到壓力沈重的問題時（即使是危及公司存亡的問題），雖然無法都能找到人分攤重擔，但能找愈多人共同商量愈好。經營Opsware期間，我們有陣子輸掉太多案子，我召開全員大會，向全體員工表示，我們被對手打得落花流水，如果不趕快搶救，必死無疑。大家不但沒有退縮，反而上下一條心，研發出殺手級產品，救了我這條小命。

■ **創業不是棋步簡單的跳棋，而是棋步複雜的西洋棋**。科技產業的態勢往往詭譎多變，關鍵技術、競爭對手、市場情況、企業人事等等層面，隨時都有可能變動。也因此，企業經營好比在〈星艦爭霸戰〉裡玩立體西洋棋，總是能想出下一步。你還以為你已經無路可走？要不要試試在營收只有兩百萬美元、員工有三四〇人的情況下，讓公司掛牌上市，而且打著隔年營收要上看七、五〇〇萬美元的口號？

我就走了這一步，當初是二〇〇一年，正是公認科技公司上市的黑暗期，而且我們只剩下六週的現金。可見，不管情況再糟，總是有下一步可走。

- **活得愈久，機會愈多**。科技業日新月異，如果能想辦法撐到明天，今天的無解問題或許會找到答案。
- **不必太自責**。會落得今天的下場，或許你責無旁貸，畢竟員工是你請的，決策也是你定的。但當初要創業你就知道這條路崎嶇難走，每個人都會犯錯，每個執行長犯的錯幾千幾百個。時時幫你自己打分數，苛責自己，對公司經營並沒有好處。
- **別忘了，玩家與專家的差別在於遇到問題的心態**。想要躋身贏者圈，就要勇於面對掙扎期；如果你不想成功，當初就不該創業。

結語

處在掙扎期，做什麼事都難，怎麼做都覺得不對勁。這時彷彿掉入無底洞，爬也爬不出來。就我個人經驗，如果當初沒有一點運氣，恰巧有人伸出援手，我可能找不到出路。

在此向所有正處於掙扎期的人致意，願你們找到力量，尋得內心的平靜。

執行長應該實話實說

照常理推斷，創辦人兼執行長在經營企業時似乎應該時時保持樂觀，但其實不然。我個人擔任執行長的時候，學到最重要的一課反而是：不要太正面思考。

我年紀輕輕就當上執行長，壓力四面八方而來：員工的生計仰賴我；管理上我依舊懵懵懂懂；客戶的預算動輒幾千幾百萬美元。在種種壓力之下，營運稍有挫敗會讓我很自責。無論是沒搶到客戶、錯過日期，還是把尚未做到完美的產品交貨，我的心情都會無比沈重。我以為要是把負擔再轉嫁給員工，問題只會愈來愈嚴重，應該要保持正面樂觀的態度，讓員工無後顧之憂，公司才能一起度過難關。我真是錯得離譜！

會發現這個致命傷，是有次我跟妹夫卡修聊天時的感想。卡修當時是AT&T的線務員（也就是需要在電線桿爬上爬下的工作），我剛與AT&T一名資深主管（姑且稱之強森）碰面，想知道卡修認不認識。沒想到他說：「強森我認識啊！他大概每一季會來跟我們打氣一次，他高興就好。」我當下突然領悟到，我心態太正面，對公司反而是一大致命傷。

我以為只強調好消息、避開壞消息，可以提高員工士氣。但我的團隊知道事情沒那麼單純，他們自己有眼睛，能看到情況並不樂觀，然而每次開會居然還得聽我打氣自嗨。

我為什麼會犯這個錯誤？這又為何是嚴重的錯誤呢？

正面妄想

我身為公司的大家長，以為最能夠應付壞消息的人是我，但恰好相反，其實最容易被壞消息影響的人就是我。我聽了會失眠的事情，工程師並不太會放在心上。畢竟，我是創辦人又是執行長，整個人跟公司密不可分。如果營運出現差錯，員工可以一走了之，但我不能。因此，他們比我更能輕鬆面對業績挫敗。

更愚蠢的是，我還以為公司問題應該由我一人煩惱。要是我頭腦清醒一點，就能發現這根本沒有道理。比方說，如果產品還沒做到完善，光是我擔心並沒有用，我又不是能寫出程式碼來解決問題的人。

應該是把問題交給專家處理，他們不但有能力解決，還會摩拳擦掌等不及動手。再舉個例子：如果丟掉一家潛在大客戶，公司全體上下都應該知道問題是出在產品、行銷，還是銷售的環節，這樣才有辦法一同解決。如果我堅持把問題往心裡藏，大家絕對無法跨出解決問題的第一步。

實話實說的重要性

公司問題要透明化，有三個主要理由：

1. 信任

少了信任，溝通就會破局。更確切來講，在任何一種人際關係中，溝通的必要程度與信任多寡成反比。

比方說，如果我百分之百信任你，就不會要求你解釋或交代你的所作所為，因為我知道不管你做什麼，都是以我的最大利益為出發點。反過來說，如果我完全不信任你，那麼不管你再怎麼說、怎麼解釋，我都無動於衷，因為我覺得你說的都不是實話。

拿到公司營運上，實話實說非常關鍵。隨著公司逐漸茁壯，上下溝通成為最大的課題。員工如果打從心底信任執行長，溝通自然會有效率得多。實話實說是建立這份信任感的重要一環。有的企業執行力佳，有的企業亂如散沙，關鍵常常就在於執行長能否逐漸凝聚起這份信任感。

2.難題當前，諸葛亮愈多愈好

想成立一家縱橫市場的科技公司，必須聘請很多頂尖人才。優秀員工當前，你卻不讓他們幫你克服營運難題，豈不浪費人才？如果不讓員工知道問題所在，即使他們再怎麼厲害，問題還是無法解決。正如開放源碼社群所說：「眾目一起來，錯誤現影蹤。」（Given enough eyeballs, all bugs are shallow.）大家一起解決問題，效果更好。

3.好的企業文化應該要：有壞事立刻知，有好事慢慢傳

看看失敗企業的例子，可以發現許多員工早在公司慘敗前，就知道公司存在一些攸關存亡的問題，但他們為什麼選擇避而不談呢？最常見的原因是，公司形成「多做多錯、少做少錯」的企業文化，問題拖到最後已經回天乏術。

健康的企業文化則鼓勵大家分享壞消息，公開而自由地討論，才有機會迅速解決。如果只知隱瞞壞消息，只會造成每個人使不上力。所以執行長的功課如下：營造一個讓大家勇於提出問題的企業文化，給予鼓勵而非懲罰。

有鑑於此，執行長也該注意有些黃金管理準則並不正確，反而有害資訊自由流通。例如以前會認為：除非找到解決方案了，否則別拿問題煩我。要是問題事關重大，員工無法自行解決呢？

拿工程師舉例，如果他發現產品行銷方式有重大瑕疵時，該怎麼辦？你希望他絕口不提嗎？這些管理學的大道理或許值得員工學習，但卻也可能阻斷資訊自由流通，進而導致公司愈來愈脆弱。

結語

身為企業大家長的你，難免希望凡事正面回應。請抗拒這種心理壓力，勇敢面對恐懼，有問題就實話實說。

裁員怎麼裁才正確

Opsware賣給惠普不久，我有次跟紅衫資本（Sequoia Capital）的創投大師里昂（Doug Leone）聊天，他要我講講心路歷程，想知道我們如何在不需要資本重組的情況下，從市場眼中的落水狗變成身價十六億美元的企業。

我細數點點滴滴的過程，包括幾次瀕臨破產的經驗、股價跌至〇．三五美元、媒體層出不窮的負面報導，以及前後三次裁員共損失四百名員工，其中他對裁員最感到意外。他的創投資歷超過二十年，從沒看過一家公司在連續三次裁員後還能振作起來，身價上衝到十幾億美元。他坦白說這種企業要是被他遇到，肯定看衰它。既然我唯一的創業經驗是一大例外，我不免感到好奇，問他為什麼其他新創企業會失敗。他回說，裁員對於企業文化絕對是一大重挫，員工看到其他同事被裁，怎麼還會心甘情願為公司前途犧牲奉獻？公司有可能撐過一次裁員，但要再交出亮眼的成績單，恐怕已是難上加難。他補充說，像我們這樣連續三次大規模裁員，又受到主流媒體負面報導（《華爾街日報》與《商業週刊》在封面報導中把我們評得一無是處），還能愈挫愈勇，成為高市值企業，實在違反創投學法則。他想知道我們是怎麼辦到的。我想了想，以下是我的答案。

事後回想，當初雖然三度大規模裁員，卻還能維持良性的企業文化，守住人才，是因為我們裁員的方式正確。聽起來很奇怪，裁員這件事已經不對，哪還有方式正確不正確的道理？在此與各位分享幾個步驟：

步驟1：眼觀前方

公司一開始投入大量時間與金錢網羅人才，後來業績卻一塌糊塗，不得已請員工走人，對執行長的壓力自然是百般沈重。我們第一次裁員時，我還記得有人將幾個員工的郵件轉寄給我，其中一名優秀員工寫道：「小霍不是在說謊就是在耍白癡。」我還記得心中的旁白是：「我是天下第一大白癡。」公司有難時，你會掙脫不了過去的情緒，但你一定要想辦法將眼光向前看。

步驟2：不要拖延

一旦決定裁員，愈早執行愈好。如果拖延執行，導致消息傳開，反而會節外生枝，員工開始質問主管消息真假。如果主管不知情，顯然是被蒙在鼓裡，丟了面子；如果主管知情，則不管是選擇故意隱瞞、透露風聲，還是維持沈默，都只是造成人心惶惶罷了。響雲端與Opsware第一次裁員時處理得很不好，後來兩次便大幅修正做法。

步驟3：據實以告

董事會有時會正面看待裁員，希望讓你心情好過一點。他們或許會說：「裁員剛好提供了大好機會，可以趁機解決業績問題、精簡業務。」這麼說雖然沒錯，但不要因此而粉飾裁員的真相，或美化你對員工的說法。裁員，是因為公司沒有達到業績目標。如果問題只是在個人績效，便不會以裁員收場，裁員是因為整個公司都不合格。這個區別很關鍵，因為你留給公司以及資遣員工的印象不應該是：「這是一大轉機，我們可以改善營運表現。」應該是：「公司做得不及格，為了走得更長久，不得已請一些優秀人才離開。」承認失敗似乎沒什麼大不了，但請相信我，關係可大了。執行長每天對員工說的話就是「相信我」。相信我，我們是一家好公司；相信我，你的事業會飛黃騰達；相信我，你的人生會順利美滿。裁員瓦解了這份信任，為了重新建立信任感，你一定要據實以告。

步驟4：訓練主管

裁員最重要的一個步驟在於訓練經營團隊。沒事先訓練主管，就讓他們應付這種棘手情況，恐怕難有好下場。

訓練首要法則：自己的員工自己裁。不能將裁員的工作交給人資部或其他比較無情的同儕，也不能學電影〈型男飛行日誌〉（Up in the Air）委外處理。自己部門的員工，主管必須自己裁。

為什麼這麼嚴格？何不找不怕衝突場面的主管出馬就好？這是因為員工為你的公司效命，不會把每天的情況記在心裡，但被裁員那天的每個細節絕對終身難忘。他們對公司的最後印象很重要，這時的心態是：你當初請我來，我拚死拚活幫你工作，好歹你也有種一點，親自裁掉我。因此，你能否慎重其事，面對曾經信任過你、為你賣命的員工，日後會影響到公司與各主管的名聲。

清楚表明主管必須親自裁員後，務必讓他們做好下列準備：

1. 向員工簡短說明公司情況，指出是公司經營不善，而非員工個人的錯。
2. 要清楚知道對方會大受打擊，且裁員已無轉圜空間。
3. 主管應該熟知資遣費與相關補助細節。

步驟5：公開致詞

執行長在裁員前必須向全體員工公開說話，先幫各主管說明事情原委與做好防範。你做得好，主管裁員時會輕鬆得多。在此分享Intuit前執行長坎貝爾跟我說過的話：公開說明是要說給留任員工聽的。公司如何對待資遣員工，會是留任員工日後特別在意的事。即使被裁了，許多人仍舊會與留任員工維持密切關係，所以請對他們表示尊重。但公司還是得往前邁進，所以注意姿態不能放得太低。

步驟6：站在第一線

向全體員工說明裁員決定之後，你可能一心只想逃離現場，避免私下和大家講話，恨不得衝去酒吧借酒澆愁。但萬萬不可！請留在第一線，與大家互動。員工想要看到你，想知道你在不在乎。資遣員工想知道自己跟你、跟公司是好聚好散，還是恩斷義絕。和大家講講話，幫他們把個人物品搬到車子。讓他們知道你對他們過去的努力心存感激。

開除高階主管

當初為了網羅新主管，你為他勾勒出事業願景，詳細而生動地描述接受這份工作的好處，比加入另一家公司好太多。直到有一天，你發現必須開除他。這不是自打嘴巴嗎？

相較於資遣其他層級的員工，開除高階主管其實容易得多。主管畢竟有向員工公布壞消息的經驗，因此大多能維持專業態度。以正確的方式開除主管非常重要，而且步驟稍微複雜一點。做得不好，可能很快重蹈覆轍。

和企業經營的許多眉角一樣，開除主管的關鍵在於事前準備。遵循以下四個步驟，就能給予該主管公平待遇，讓公司更加精進。

步驟1：問題分析

開除主管的理由可能是他行為不檢、能力不足，或者是懶惰成性，但這種情況少之又少，也相對容易解決。除非招聘過程實在錯得離譜，否則不太可能落得如此下場。既然已來到主管層級，每家企業都會針對應試者的專長、動機、資歷進行篩選。這下子聽懂了嗎？你發現有必要開除高階主管的時候，原因不是他很遜，而是你做得很糟糕。

也就是說，遇到需要開除主管的情況，不能視為對方的錯，而是面試或適應環境的環節出了問題。因此，想要正確開除主管，第一步要知道當初為何會找錯人。

原因可能有很多種：

■ **職位說明一開始沒界定清楚**。不知道自己要什麼，又怎麼可能得到呢？執行長對於某主管職通常只有抽象概念，依照這個概念去找人，卻常因此找到不適合的主管，缺乏公司所需要的關鍵特質。

■ **你找的主管沒缺點，但也沒致勝優點**。如果招聘過程需要其他人點頭同意，這個問題則特別常見。評選小組會對應試者的缺點吹毛求疵，但他成為一流主管的特質，反而沒受到重視。影響所及，最後得到工作的主管雖然沒有重大缺點，但你希望他表現一流的地方，他的能力卻不出色。沒有一流優點的主管，就不會有一流的企業。

■ **太快追求規模**。創投業者與主管招募業者為執行長獻策時，最常出現的錯誤是眼高手低，要執行長網羅高於目前營運需求的人才，他們的建議通常是：「把眼光拉到三至五年後，想像你的公司已經是大企業。」如果能找到有能力管理大部門的主管，當然是好事；如果公司已做好快速拓展的準備，這時又能找到懂得快速拓展部門的主管，也是好事。但如果公司規模不大，也沒有快速拓展的準備，你需要的是一個在未來一年半能把工作做好的主管。如果新主管的長才在一年半後才能看到成效，但這期間卻績效不彰，還沒機會表現就已經被員工排斥，大家會想：他又沒什麼貢獻，為什麼要給他那麼多認股權？員工一有這樣的問號，士氣便很難恢復。創投業者與主管招募業者並不笨，只是從過去的失敗經驗中學到錯誤的心得。正確做法請看下頁特殊案例兩段。

- **依照刻板印象找主管**。無論是執行長、行銷部主管，還是業務部主管，不可能永遠做得一流，也不可能到其他地方還是一流，彷彿神人。以業務部主管來說，你要看的是他未來一、兩年能否符合你公司的需求，拿出最佳表現，因為同一個職位換到微軟或臉書，要求不會一模一樣。篩選主管候選人時要懂得捨棄刻板印象，適任最重要。
- **主管的企圖心擺錯地方**。有些主管想的是公司前途，有的主管想的是個人前途，我會在第六章說明兩者的差別。如果主管的企圖心擺錯地方，就算他有十八般武藝，員工也可能不理他。
- **主管無法融入大家**。找新人擔任要職並不容易，潛在問題包括：員工對他妄下判斷；新主管的期許可能和你的不同；該職責可能還沒界定清楚。因此，開除舊主管之後，請務必檢討並改善內部整合計畫。

特殊案例：擴大規模

之所以需要開除主管，常是因為公司規模呈倍數成長，但他卻無法勝任。企業規模大幅成長之後，管理職也面臨全新挑戰，職責不可同日而語，因此需要找到適任的新主管。管理兩百人全球銷售團隊，與管理二十五人在地銷售團隊並不同。幸運的話，在地團隊的主管這時已身經百戰，知道如何管理全球團隊，否則你就只好另尋高明。錯不在該主管，也不在公司體系，只能說人在江湖，豈能皆大歡喜。要懂得接納這個現象，躲避只會弄巧成拙。

特殊案例：迅速成長

如果公司開發出一流產品，市場需求又很買單，這時有必要迅速擴大公司規模。想要一次做到好，找對主管很重要，他最好也有推動企業快速成長的成功經驗。但此處所謂的經驗，不是指他傳承前人建立起來的龐大部門，也不能是他從基層慢慢爬、最後管理規模原本就很龐大的組織。你要找的是，能夠應付高成長期的主管。此外，要聘請這樣的主管，就要做好提供大筆預算的心理準備，讓他全力衝刺拓展部門規模。新創企業想要經營有成，有拓展實戰經驗的主管扮演相當吃重的角色。也因此，獵才業者與創投業者通常會建議執行長，在公司準備拓展前便要找到人選。

找到問題後，接著便可採取以下步驟。

步驟2：告知董事會

向董事會報告要開除某主管，已經不容易，要是又有下面情況，問題更棘手。

- 這是你開除的第五、六位主管。
- 這是你在該職位開除的第三位主管。
- 該主管當初是經由一名董事大力推薦，說他是不可多得的人才。

不管是上述哪個狀況，董事會聽了難免會不安，但這也是沒辦法的事。你眼前只有兩個選擇，一是讓董事會擔心，一是讓不適任的主管繼續留下來。前者雖然不是最完美的做法，但總比後者好很多。選擇留任成效不彰的主管，部門只會慢慢瓦解，到時董事會該擔心的事情會更多。

面對董事會時，要達到三個目標：

- **取得他們的支持與諒解**。開除主管是件大事，要先讓董事會知道問題何在與解決之道，他們才會對你有信心，相信你日後有能力找到並管好空降主管。
- **討論與核准資遣方案**。這點攸關下個步驟。主管的資遣費高於一般員工，本就天經地義，因為他的待業期是一般人的十倍左右。
- **為該主管留面子**。該名主管不勝任，很有可能是團隊的錯。最好就這麼向董事會報告，沒必要藉由大肆批評他來保住自己的顏面。以成熟的心態處理這件事，除了董事會會對你的領導力保持信心，對當事人也公平、厚道。

最後，開除主管的決定最好是一一打電話通知董事，不要在開會時無預警宣布。逐一通知雖然比較耗時，但絕對值得，更何況該主管可能是經其中某位董事才加入公司。等到取得大家共識後，可在董事會會議中擬定細節。

步驟3：準備告知該主管

找出問題源頭，也通知董事會之後，你應該盡快告知該主管。我建議事先擬好草稿或演練過，避免說錯話。這席話會留在對方心中很久，所以務必要說對。

不管是他的績效評估報告，還是你們兩方討論績效的書面紀錄，這時應該拿出來全部看過，才能知道你之前為何那麼說，現在為何又這麼說。

正確溝通有三個關鍵：

1. **清楚告知原因**。這是你深思熟慮過的決定，說的時候不要模稜兩可，也不要粉飾太平。你覺得對方哪裡做不好，就應該明講。
2. **語氣堅定**。告知時不要留有轉圜空間。這次見面是要開除對方，不是績效評估。應該說「我決定……」，而不是「我覺得……」。
3. **備妥資遣方案**。對方一聽到自己被開除，就不會再管公司死活，心中在乎的是自己與家人的生計。你應該事先做好準備，提供資遣方案的具體細節。

最後，資遣消息如何告知員工與外界，會是該主管很在乎的事，最好由他自己決定。當初要開除某位主管時，我從坎貝爾得到一個很受用的意見。他說：「小霍，你沒有辦法讓他保住工作，但至少能讓他保有尊嚴。」

步驟4：準備告知全公司

通知該主管後，必須立刻讓公司全體同仁知道這項人事案。通知的正確順序如下：一、該主管的直屬員工，因為他們受到的衝擊最大；二、其他主管，因為他們要能回答底下員工的疑問；三、公司全體員工。這三類同仁必須在同一天內通知完畢，能在兩、三個小時內完成更好。通知該主管的直屬員工時，務必先規劃好他們在空窗期應該向誰報告，也要計劃下一步是要尋找主管人選、部門重整，還是內部接班等等。一般而言，這段時間最好由執行長暫代職位。若是如此，你必須確實親力親為，出席員工會議、進行個別對談、設定績效目標等等。這樣有助於凝聚團隊向心力，你也能更清楚下一個主管應該具備哪些條件。

跟通知董事會的做法一樣，宣布時應保持正面態度，不要把該主管批評得一無是處。和他最熟的員工可能正是他單位裡最優異的員工，如果一味抨擊他，這些人會覺得自己是下一個受害者，切勿留給他們這樣的印象。

通知全體同仁時，你可能會擔心員工誤解你的本意，以為公司有難。不要想辦法避免這類反應。員工通常能成熟面對問題，但如果把大家當成小孩看待，這件人事案只會導致不必要的激動情緒。

結語

每個執行長都聲稱懂得經營，但是否真的如此，還得看他如何面對公司的大難題。開除主管便是一大考驗。

將忠臣降職

當初成立響雲端時，我找來的優秀人才都是我信得過、也很賞識的人。雖然接下職位，但他們很多人和我一樣，並沒有豐富的相關工作經驗，可是一旦工作起來便沒日沒夜，為公司犧牲奉獻。然而，隨著公司逐漸成長，有些忠誠的好夥伴不再勝任，我需要找其他更有經驗的人接掌職位。我怎麼下得了手呢？

真的該這麼做嗎？

你第一個想到的問題絕對是：「真的要這麼做嗎？我怎麼找得到像他這樣為公司鞠躬盡瘁的人？」但其實會這麼問，就表示你很可能已經有答案。你的好朋友雖然幫公司拿到前幾筆交易，但如果你要打造的是一支全球銷售團隊，他肯定不是最佳人選。這時應該以所有員工的利益為優先，把好朋友先放一邊，學習儒家思想所倡導的「犧牲小我，完成大我」。

怎麼說？

一旦做好決定，要實際說出口並不容易。對方會有兩種情緒在心裡翻攪：

■羞愧

對方聽到消息後勢必覺得顏面盡失。他的親友與同事都知道他目前的職位，也知道他很努力工作，為公司犧牲很多。如今被拔掉主管職，他怎麼跟大家解釋？

■背叛

你的朋友一定會想：「我打從一開始就跟著你打拚，你怎麼可以這樣對我？你自己也沒有做得多好，找我開刀怎麼那麼容易？」

這些都是很強烈的情緒，所以要做好心理準備，溝通時雙方會很激動。諷刺的是，要避免溝通太過情緒化，關鍵在於不要帶有情緒。為了理性處理，你事前必須明確知道你為什麼做這個決定，接下來又要怎麼做。

首先要決定的是，你是否有必要將朋友降職。如果在沒有確定答案的情況下就和對方討論，不但讓問題更複雜，彼此情誼也會出現裂痕。斟酌決定時，也要做好對方可能離職的心理準備。在覺得顏面盡失又被背叛的情緒之下，他會不會想繼續留在公司是個未知數。如果公司不能沒有他，你只好維持現狀。

最後，你必須決定哪個職位最適合他。最明顯的答案是讓他在新主管底下做事，但這樣對他個人、他主管、他的職場發展未必有益。他對公司的運作、對手、客戶瞭若指掌，是他的新主管所缺乏的。往好處看，他能夠協助新主管立刻進入情況；但往壞處看，要是他嚥不下這口氣，可能會挾怨報復。

另外一個問題是，在新主管底下工作，在他眼裡怎麼看都是職業生涯後退一步。可行的話，不妨把他調到其他更適合的領域，讓他能夠發揮專長與專業知識。他也有機會學習新專長，對公司發展也有益。如果對方是年輕人，累積不同領域的經驗可能也是寶貴的機會。

話雖如此，這個選項也不見得是萬靈丹。他可能不想調職，只想留在現在的工作。這個你也要有心理準備。

在決定好要找人取代你朋友，也決定好要提供他哪幾個後續方案之後，便可正式溝通。記住，你雖然沒辦法讓他保住工作，但要對他公平誠實。請參考以下做法：

■**說清楚講明白**。明確告知你的決定，說「我決定……」，避免「我覺得……」、「我希望……」等字眼，才不會害對方整顆心懸在半空，不確定是否該極力抗爭。雖然是向對方傳達壞消息，但應該誠實以對，不該搪塞。

■**認清事實**。如果你和我一樣，身兼公司創辦人及執行長，在指出對方不勝任的同時，對方大概也很清楚你這個執行長做得也不稱職。請坦然承認自己做得不夠好，甚至應該跟他說，如果你是個經驗豐富的執行長，或許還能協助他培養所需的能力，但畢竟你們兩人經驗不足，維持現狀只會拖垮公司。

■**感謝對方的貢獻**。如果你希望對方留在公司，請明講，也應該明確讓他知道你希望協助他的職涯發展，繼續為公司效力。告訴他你很感謝他的付出，之所以會出此下策，是考量公司的未來需求，與他過去個人績效無關。有可能的話，增加降職補償的金額，讓他知道你依然很感謝他、器重他。

溝通過程中請務必抱持冷靜。木已成舟，再怎麼說也無法改變事實，對方一定會大受打擊。你該做的不是好言安慰，而是說清楚講明白。對方當下可能覺得你不顧情面，但日後一定會感激你就事論事的態度。

輸家常說的謊

企業在市場開始出現重大挫敗時，不但賠了業績，常常也丟了說真話的勇氣。上至執行長、下至員工，大家編織出一堆理由，就是不肯面對現實。許多企業的藉口天馬行空，但其實大同小異。

常見藉口

「他走也好啦，反正我們本來不是開除他，就是給他負面的績效評量。」科技公司習慣把離開公司的員工分成三類：

1. 離職員工；
2. 被開除的員工；
3. 公司本來就想淘汰的離職員工。

怪的是，企業營運一旦開始出狀況，第三種人的增加速度似乎都比第一種人快許多。此外，這種現象最常出現在自稱有「人才高門檻」的企業。原本的明星級員工，為何突然從A^+變成不及格呢？前一分鐘還是考績優等的員工，現在主管還得花心思說他離職是因為績效不好。這怎麼說得通？

「要不是競爭對手出來攪局，不然我們早搶到案子了。」「客戶選擇我們的技術，也覺得我們公司比較好，誰知道競爭對手會免費提供同一種產品。我們絕對不會賤價搶客戶，這樣只會損害公司名聲。」帶過企業客戶銷售團隊的人對這些藉口都不陌生。銷售就是如此，努力爭取客戶，有贏也會有輸。業務怕面子掛不住，於是怪另一家公司的業務耍手段；執行長不願正視公司產品喪失競爭力的事實，竟也相信業務的藉口。聽到這樣的藉口時，請想辦法找客戶證實，我敢保證事實常常並非如此。

「我們雖然無法達成中期目標，但不表示產品進度有變。」產品能否準時交貨的影響重大，決定了公司能否達成客戶承諾、衝高當季業績，以及維持公司競爭力等等，壓力不可謂不大，所以大家在工程會議時都希望聽到好消息。如果情況不理想，腦筋動得快的主管懂得換句話說，讓大家不會太失望，但拖到下個會議時恐怕已經回天乏術。

「目前客戶流失率很高是沒錯，但只要我們積極展開電郵行銷，客戶就會逐漸回流。」說得跟真的一樣！會流失客戶，原來是因為我們寄給他們的垃圾郵件還不夠，這說得通才怪！

為什麼大家藉口這麼多？

思考這個問題的答案時，我想起多年前與傳奇人物葛洛夫（Andy Grove；英特爾創辦人）的一席話。

二〇〇一年網路泡沫化走到末期，科技大廠每季業績紛紛大幅低於預期，我看在眼裡，一直不懂他們為何無法看清現狀。

網路泡沫明明已在二〇〇〇年四月破滅，思科、Siebel、惠普等企業不是應該知道許多客戶經營慘澹，連帶很快會拖累自己業績嗎？但儘管市場警報聲大響，每個執行長仍舊重申看好業績數字，殊不知這一秒還信誓旦旦，下一秒竟然錯得離譜。

我問葛洛夫：這些都是優異的執行長，為何不肯正視現實，一直謊話連篇呢？

他說，這些執行長欺騙的不是投資人，而是自己。

他解釋說，人都只喜歡聽好消息，工作需要看到具體成果的人更是如此。舉例來說，執行長一聽到應用軟體某月使用率比平常高出二五％，二話不說，立刻擴編工程團隊，深怕無法因應即將爆發的需求。但如果使用率比平常下滑二五％，他同樣也是二話不說，立刻找藉口解釋：「那個月網站流量比較低，那個月有四天假期、更新使用者介面後問題一大堆。大家沒必要自己嚇自己！」

數據一升一降，能否代表業績走向還是未知數，但許多執行長遇到這樣的情況，只會針對正面數據採取行動，對於負面數據則是找理由解釋。

你是否也覺得這個情境很熟悉，心想為什麼員工要隱瞞事實。其實他們不是在騙你，他們是在騙自己。

而如果你選擇相信他們的理由，你也在欺騙自己。

必殺技盡出

我在網景工作的前幾年，正值微軟推出新版網頁伺服器。我和同事發現，我們產品的功能對方都有，速度還比我們快上五倍，而且甚至免費內建。我立刻著手大幅調整伺服器產品策略，以產品獲利為目標。於是與網景大將何莫（矽谷傳奇人物，已故）聯手，積極與其他公司洽談夥伴關係與收購，希望擴充產品線，增加網路伺服器功能，進而降低微軟的衝擊。

我和工程同仁陶平（Bill Turpin）一同檢討策略，我熱血澎湃，他卻露出一副我還乳臭未乾的眼神。曾經任職寶蘭（Borland）軟體公司的陶平，與微軟交手的經驗豐富，知道我的用意，但他卻覺得做得還不夠。他說：「小霍，你和何莫準備的攻擊武器是很好，問題是我們的網路伺服器比他們慢五倍，光是出厲害的一招還不夠，我們要使出全部的必殺技才有用！」唉呀，我當場被打臉。

經過陶平這番建議，工程團隊的重點除了克服產品性能問題之外，還在其他方面做了不少努力。我們最後在產品性能上打敗微軟，伺服器產品線擴大，成為四億美元的業務，這全是因為我們使出所有的絕招迎戰。

這個心得我始終沒忘，六年後擔任Opsware執行長時，再度遇上類似的挑戰，大案子頻頻被勁敵BladeLogic搶走。一來，我們是上市公司，一有虧損，市場都知道；二來，我們必須搶到案子，業績才有辦法超越市場的預期，因此公司肩負龐大壓力。許多優秀同仁為了避開這場硬戰，紛紛向我建議以下的做法：

- 「我們應該研發出輕量級產品，走低階路線。」
- 「我們應該收購產品架構更簡單的公司。」
- 「我們應該聚焦在服務供應商。」

這些建議讓我更加清楚一點：問題不是市場，因為客戶還是有需求，只是不跟我們買產品而已。分析下來，現在並非大幅調整產品策略的時候。所以我對每個人說：「要打贏這場硬戰，一般招數還不夠，我們要使出必殺技。」這話當然刺耳，但卻讓大家更體認到有必要把產品做得更好。沒有其他退路可走，只好正面迎戰，打擊眼前的勁敵。殺！

九個月努力研發，熬過一個產品週期之後，我們再度取得領先地位，最終將公司身價推到十六億美元的巔峰。如果不使出必殺技正面迎戰，我猜我們的價值可能只有十分之一。

經營企業最怕面臨生死存亡的威脅，許多同仁連想都不敢想，會極盡所能逃避現實，或是尋找其他方案，或是編織藉口，就怕遇到這種決定生死命運的戰役。我常在新創企業裡聽到類似的論點。我與創業人的對話如下：

創業人：「我們的產品在市場上無人能比，客戶都很喜歡，而且覺得比競爭對手X更好。」

我：「那為什麼X公司的營收是你們的五倍？」

創業人：「我們必須透過合作夥伴與代工廠來銷售，沒辦法建立像X公司那樣的直銷管道。」

我：「為什麼不行？如果你們的產品比較好，為什麼不直接跟他們對打？」

創業人：「呃……。」

我：「該決一死戰就不能畏戰。」

企業勢必會走到必須奮力求生的那一天，如果該全副武裝迎戰，卻還想逃之夭夭，你應該自問：「如果我們公司沒有贏這場戰役的本事，那還有經營的必要嗎？」

誰管你啊！

「寶貝，贏就對了。」

——戴維斯（Al Davis，已故美式足球教練）

饗雲端最困頓的那段時間，我常問自己：公司淪落到這般田地，我一開始怎麼可能想得到？我怎麼會知道有一半客戶會倒閉？我怎麼會知道私募的可能性會變成零？我怎麼會知道二〇〇〇年原本還有三二一家企業上市，但二〇〇一年卻只剩十九家？時局這麼慘，誰還會覺得我能夠交出不錯的成績單？

正當自怨自艾的時候，我無意間在電視上看到美式足球知名教練帕索斯（Bill Parcells）的訪談。他提到剛開始當總教練時的一個難關，讓他不知如何是好。擔任紐約巨人隊總教練的第一個球季，便出師不利。隊上飽受傷兵之苦，很擔心球隊戰績不佳，平常派出最優秀的隊員都打得很辛苦了，更何況是叫一堆替補球員上場。奧克蘭突擊者隊（Raiders）老闆戴維斯是他的良師益友，打電話來關切，帕索斯跟他提到傷兵問題。

帕索斯：「少了這麼多明星球員，我真的沒把握能贏球。我該怎麼辦？」

戴維斯：「誰管你那麼多啊！你專心帶隊就好了。」

這句話可以說是給全天下執行長最好的意見。因為說真的，誰管你那麼多啊！經營公司出現問題，有誰會在乎？媒體、投資人、董事會、員工，甚至你母親，沒有一個人在乎！

誰管你那麼多！

大家不在乎，本是天經地義。為失敗找理由，就算是很冠冕堂皇的理由，也無法幫投資人少賠一塊錢、無法幫員工保住工作、無法為公司找到新客戶。更何況最後如果不得不宣布破產，藉口講得再漂亮，你的心情也不會更好。

與其把氣力花在自怨自艾，倒不如認真思考如何克服這個看似無解的泥淖。遺憾無益，應該把時間都花在思考未來。因為到頭來，誰管你那麼多，你專心經營公司才是重點！

第5章 先管人再管產品，最後才管利潤

我跟最殺的黑鬼打交道，跟最屌的黑鬼做生意。
搞藝術的黑鬼快退散，
少給我五四三，否則送你上西天。
你們這些小小兵，他媽的聽我這個大將軍。

——遊戲玩家（The Game），〈怒吼〉（Scream on "Em"）

在Opsware股價回升到一美元之後，下一個難關是重整經營團隊。我們有雲端服務的主管，但既然轉型成軟體公司，則不能沒有擅長軟體的主管。在專攻企業市場的軟體公司裡，業務副總與工程副總通常是兩個靈魂人物。我原本希望留下響雲端企業服務部門的副總，讓他擔任業務部副總，卻沒能成功。Opsware成立三年以來，業務部主管已經換過三人，除了外界觀感不佳之外，也表示如果我這次再選錯人，恐怕我也難有好下場。業界都等著看，更別說華爾街的投資人了。

這次為了找到適合人選，我決定先暫代業務部主管職位，親自管理團隊、主持業績預測會議，把營收數字的好壞一肩扛起。我從過去的慘痛經驗學到，招募主管職時應該遵守美國前國務卿鮑爾的明訓：**找人才要看他的優點，而不是要求他毫無缺點**。親自掌管銷售，我很清楚部門哪些地方需要加強，因此仔細列出公司所需的專長與才華，展開尋找業務主管的過程。

面試了二十幾個人，沒有一個符合我想要的長處。輪到柯蘭尼時，他和我預期的不一樣，與業務主管那種咄咄逼人的刻板印象並不符。光看體型就不像，業務主管通常是高頭大馬，但他的身高普通。除了不高，他還是中廣身材。不胖，但就是肉肉的，那套西裝穿在他身上，看起來渾身不自在——西裝應該是特別訂做的，他那種不高又肉的身材，絕對買不到現成的西裝來穿。

接著是履歷。我首先注意到的，是他大學讀南猶他大學（Southern Utah University）。我從來沒聽過，於是請他介紹一下，沒料到他回說：「這是猶他州南部的麻省理工學院。」沒想到講完這句玩笑話後，他整場面試嚴肅到極點，全身上下不自在，就連我看了也尷尬。我通常不會考慮磁場跟我不合的人選，但這次幫業務部找到最適合的主管實在太重要，對方有什麼怪缺點，我都願意忽略。我在面試人選好壞時，常使用一個技巧，那就是連續問對方計劃如何招聘銷售人員，招聘完如何訓練，訓練完又怎麼管理。問題通常如下：

我：「你覺得銷售人員必須具備哪些特質？」

應試者：「要聰明積極，也要有好勝心。要會成交複雜的案子，也要懂得跟各部門溝通。」

我：「這些特質怎麼從面試裡看出？」

應試者：「呃……我會找自己的人脈。」

我：「好。你找來自己的人脈後，對他們會有什麼期許？」

應試者：「我會要他們熟悉並遵守銷售流程，精通產品，業績預測要精準……。」

我：「要做到這點，你有什麼員工培訓計畫？」

應試者：「呃……」被問到這題，他們通常會開始瞎掰回答。

柯蘭尼前兩個問題答得很好，但被問到如何訓練銷售人員的時候，臉上竟露出痛苦表情，我這輩子永遠忘不了。看他神情，好像只想趕快結束面試離開，連我都想給他一顆鎮定劑或抗躁鬱藥。他的反應有點嚇到我，因為他面試過程表現得都很好，竟然會栽在這個問題。我後來才了解到原因，原來問柯蘭尼怎麼訓練銷售人員，道理就好比外行人請牛頓解釋物理學一樣，千頭萬緒，不知從何說起。

經過感覺整整有五分鐘之久的沈默，柯蘭尼從公事包裡拿出厚厚一大本自己設計的訓練手冊。他說面試時間有限，無法對我清楚說明訓練方法，但如果我還想安排第二關面試，他會解釋清楚把銷售人員訓練成菁英的細節眉角：培訓領域很廣，包括流程、產品、企業客戶的銷售方法等等。他還說，就算這些領域都學會了，好的業務主管還必須懂得激勵團隊。聽他一副帶兵指揮的語氣，我就知道我找到人了。

只是其他人並不領情。經營團隊中只有一個人贊成，其他人都覺得柯蘭尼不適合，董事會也對他投下反對票。問坎貝爾意見，他也說：「如果你真的非柯蘭尼不可，我不會伸手攔住你。」原以為坎貝爾會大力支持，反而也沒得到慰藉。大家反對的理由，都不是說柯蘭尼沒有專長，而是說他缺點很多，像是他讀的是南猶他大學、個性讓人不自在、看起來不像銷售主管。

但跟他交談時間愈久，我愈認定他是最佳人選。與他談了一個小時，我學到的銷售經比親自擔任業務主管半年還要多。他甚至還打電話給我，提供我們銷售團隊正在爭取的案子細節，這些消息甚至連我們自己人都不知道，彷彿他有自己的銷售眼線。

我決定堅持立場，向管理階層與董事會表示我了解大家的顧慮，但我延攬柯蘭尼的心意已決，同時也開始進行他的資歷查核。

請柯蘭尼提供推薦人資料時，我又被他嚇了一跳。他給我的推薦人整整有七十五名，還說有需要的話，名單裡還有很多人。每位推薦人我都打過電話，而且每個人在一個小時內就回電。看來他的人脈經營得很好，說不定這些推薦人就是他的銷售眼線。但萬萬沒想到，就在我準備好下聘書時，公司有名主管打電話跟我說，她的一個朋友認識柯蘭尼，要給他負面評價。

我打電話聯絡這位朋友，結果成了我工作生涯中最特別的一次資歷查核。

我：「謝謝你的幫忙。」

對方：「不客氣。」

我：「請問你跟柯蘭尼是怎麼認識的？」

對方：「我在上個東家教銷售訓練的時候，他剛好是地區副總。我強烈建議你不要找柯蘭尼。」

我：「你這話講得很重。是他做了違法的事情嗎？」

對方：「沒有。柯蘭尼不會做出不道德的事。」

我：「是他不懂得找人才嗎？」

對方：「不是。公司有些頂尖的銷售高手都是他找來的。」

我：「他成交過大案子嗎？」

對方：「那是當然。公司有些大案子是他成交的。」

我：「他不懂得管人嗎？」

對方：「也不是。他把他的團隊管理得很好。」

我：「既然這樣，為什麼我不應該找他？」

對方：「他沒辦法融入企業文化。」

我：「麻煩你說明一下。」

對方：「這麼說好了，我在PTC進行新人銷售訓練時，商請他來演講，希望帶動大家氣氛。現場有五十位新人，上完我的課後都是熱血澎湃，等不及要為公司賣力銷售。沒想到柯蘭尼走到台上，看了看眼前一群菜鳥，說：『我他媽的管你們訓練到多麼厲害，要是每一季沒幫我賺進五十萬美元，你們就死定了。』」

我：「非常感謝你的意見。」

承平時期的世界看起來是一個模樣，但每天都得奮力求生的世界完全不一樣。承平時期，還有時間去想做一件事的正當性、對文化有何長期影響、人民有何感受。抗戰時期，最重要的是成功殲滅敵軍，讓軍隊安全返鄉。公司現在處於戰亂時期，需要的是一個懂得作戰的將領。那個人就是柯蘭尼。

最後一步，我必須向安德森解釋為什麼找柯蘭尼。安德森既是公司創辦人又是董事長，他的意見深受董事會的重視。安德森雖然對柯蘭尼這個人還是有疑慮，但對我有相當的信任，並不會干涉決定。話雖如此，有他的認同對我很重要。

我讓安德森先講，因為他的聰明才智雖然在公司、甚至全世界沒人能比，他卻從來不認為其他人覺得他很聰明，太過謙虛的結果，反而以為大家不重視他的意見。安德森一開始便提到不喜歡柯蘭尼的原因，說他沒有業務主管的氣勢、讀的大學也不顯赫、性格讓人不自在。我用心聽完，回說：「你提到的問題我都同意，但柯蘭尼是銷售天才，功力遠遠超過我認識的每個人。如果他沒有你剛才說的那些缺點，他何必加入我們這家股價只有三十五美分的公司呢？他早就當上IBM的執行長了！」

安德森聽了立刻回說：「了解！立刻用他！」

正因為踏出了這個關鍵的一步，我才有辦法從響雲端的殘局走出來，打造出一個世界級的軟體團隊。後來幾年我對柯蘭尼有更多的認識，確實符合我當初在面試他與資歷查核時的心得。他不太能夠融入大家，卻是十足的銷售天才。我借重他這方面的專長，同時幫助他調整態度。經營團隊的其他人最後是否跟他完全處得來，這我不知道，但大家後來都認同他是業務主管的最佳人選。

我在網景時的老闆巴克斯戴常說：「我們先把員工照顧好，再管產品，最後才管利潤。」簡單一句話，卻蘊含深意。「把員工照顧好」是這三件事中最難做到的一件；做不到，其他兩件事也是白搭。所謂以員工為重，也就是要營造優良的工作環境，這點其實大多數企業都沒做到。隨著企業規模愈來愈大，重大工作有時無人聞問、懂得做人比認真做事更有晉升機會、公事公辦扼殺了創意與樂趣，這些稱不上是優良的工作環境。

不管是網路泡沫破滅，還是那斯達克要求我們下市，我們之所以能夠度過種種難關，完全要歸功於本章接下來要介紹的技巧。如果能營造出優良的工作環境，你的公司也能走得長久，闖出一片天。

打造優良的工作環境

Opsware時期，我相當看重員工訓練，還親自教授管理課程，明確要求每位主管定期約談旗下員工。我甚至還明訂出一對一會談的執行方法，不給大家不開會的藉口。

有天忙到暈頭轉向的時候，我注意到有位主管已經超過半年沒有開一對一會議。人哪有不犯錯的，但超過半年沒開過一對一會議，也未免太誇張！我花這麼多時間思考怎麼管理公司、準備教材，還親自進行主管培訓，竟是這樣的結果！原來我這個執行長是當假的，要是主管對我的指示不理不睬，我又何苦要經營公司呢？

原以為以身作則是領導王道，誰知道大家都只學到我的壞習慣，沒把好的學起來。難道我已經失去經營團隊的心嗎？還記得幾年前跟老爸聊到當時職籃波士頓塞爾提克隊（Boston Celtics）的總教頭韓森（Tommy Heinsohn）。當時的韓森是叱吒全球籃壇的教練，榮獲當年最佳總教練頭銜，還贏過兩次NBA總冠軍。

但他後來退步得很快，戰績目前在職籃敬陪末座。問老爸原因，他說：「球員已經不怕他大小聲了。韓森以前只要一開罵，球隊還會繃緊神經，現在根本就不理他。」再看看我自己，難道經營團隊不理我了嗎？他們是否對我的大小聲無感了？

愈想，我的感觸愈深。我一直叫大家做這做那，卻沒明確說明原因。顯然光是打著老闆頭銜，還是無法讓大家照我的話做事。公司想做的事情太多，導致主管沒辦法使命必達，只好排出自己的先後順序。和員工開會顯然不是這位主管的要務，而我也沒跟他說過開會之所以重要的原因。

我究竟為什麼嚴格要求每位主管接受管理訓練？我究竟為什麼要求主管與員工進行一對一會議？思考了很久，我最後想出該如何把最主要的理由說清楚講明白。我打電話給這位主管的直屬老闆史帝夫（化名），要他立刻來找我。

史帝夫趕到我的辦公室，我劈頭就問：「史帝夫，你知道我今天為什麼來上班嗎？」

史帝夫：「我不懂你的意思。」

我：「我為什麼早上要起床，進辦公室上班？如果是為了賺錢，我把公司賣掉不是賺更多嗎？我這個人不想出名，我很低調的。」

史帝夫：「嗯……」

我：「好，那我為什麼來上班？」

史帝夫：「我不知道。」

我：「我說給你聽。我來上班，是因為我一心一意想把Opsware打造成一家好公司。大家每天工作十二到十六個小時，幾乎清醒的時間都耗在公司了，讓大家能過好生活是我的使命。這就是我每天來工作的動力。」

史帝夫：「是。」

我：「你知道工作環境的好壞有什麼差別嗎？」

史帝夫：「呃……應該吧。」

我：「那差別在哪裡？」

史帝夫：「這個嘛……」

我：「我來幫你回答。企業管理得好，大家專注在工作上，相信只要做好本分，對公司、對自己都有好處。在這樣的公司裡工作很快樂，每個人都知道把工作做好就能看到成果，公司成長，自己也能受惠。這樣的環境讓大家有動力也有成就感。

「反觀在管理不善的公司裡，如果有人不安本分，或是有人搞內鬥，又或是作業流程出問題，大家哪有時間專心工作？甚至連工作職責都不清楚了，怎麼可能知道到底有沒有達成工作目標？好運的話，大家拚死拚活還能完成工作，但這對公司、對個人有什麼意義，他們也不知道。最慘的情況是，員工終於受不了這種鳥環境，鼓起勇氣跟上級反應，但管理階層卻否認問題存在，以為現狀一切正常，把問題拋在腦後。」

史帝夫：「是。」

我：「你知道你的一線主管提姆已經半年沒跟員工開會了嗎？」

史帝夫：「不知道。」

我：「他這樣根本不可能知道部門管得好不好，你懂嗎？」

史帝夫：「我懂。」

我：「結論就是，你和提姆變成我的絆腳石，讓我沒辦法達成我最重要的目標。所以，如果提姆在二十四小時內沒和員工一對一會談，你們兩位就可以準備走人了。這樣夠清楚嗎？」

史帝夫：「清楚。」

有必要搞得這麼難堪嗎？

各位可能會說，產品如果不符合市場需求，一家企業管理得再好也是枉然；但如果產品正是市場想要的，就算公司管理得很糟糕，也照樣能活得好好的。這麼說並沒有錯，所以我有必要對那名高階主管撂出狠話、威脅要開除他嗎？

我覺得很有必要，理由有三：

- 企業管理得好，在營運順利時看不出有何重要，但在營運出問題時卻能決定生死。
- 企業營運一定會有出問題的時候。
- 把公司管理好，是目的而不是手段。

生死大不同

公司營運紅不讓，留在公司繼續效命的原因有很多：

- 職涯選擇更加多元。隨著公司規模成長，自然會有更多有意思的工作機會等著你。
- 親友覺得你很有遠見，搶先在其他人之前選擇「超夯」的公司。
- 公司屬於績優股，又正值巔峰，為你的履歷加分不少。
- 喔對了，你也會愈來愈多金。

公司營運慘澹時，上述情況剛好相反，每個都成了你想離職的理由。這時除了怕找不到工作之外，員工會願意留下來只有一個理由：他真的喜歡這份工作。

企業營運難免會出問題

古今中外，從來沒有一家企業的股價只升不降。爛公司若已毫無戀棧之處，員工自然不會久留。如果是科技公司，員工一出走，惡性循環也跟著出現：公司價值下跌，優秀員工離職，公司價值進一步下跌，更多優秀員工離職。惡性循環一旦形成，便很難逆轉。

把公司管理好，是目的而不是手段

認識坎貝爾的時候，他既是Intuit的董事長，又是蘋果董事，科技業許多執行長也把他視為事業導師。種種頭銜雖然風光，但我最敬佩的是他一九九二年擔任GO執行長的風範。當年，GO計劃研發類似iPhone的產品，募資金額快要創下創投業的紀錄，但之後賠得所剩無幾，最後在一九九四年幾乎免費賣給AT&T。

這樣的紀錄似乎不值得炫耀，不說他經營得一塌糊塗就不錯了。但我後來遇過好幾十個GO出身的員工，其中不乏何莫、薩德（Danny Shader）、陳富蘭（Frank Chen，音譯）、史卡沃斯（Stratton Sclavos）等一時之選，全都覺得能在GO工作是上輩子修來的福氣，就算看不到前途、賺不到錢、媒體負面報導不斷，他們還是這麼認為。原因無他，GO擁有良好的工作環境。

我這下才了解到，坎貝爾真是管理卓著的執行長。杜爾（John Doerr；矽谷創投大師）顯然和我英雄所見略同，向Intuit創辦人庫克（Scott Cook）推薦坎貝爾擔任執行長一職，絲毫不在意自己因為投資GO而慘賠。多年來，與GO員工有過接觸的人都知道坎貝爾的經營哲學：以打造好企業為使命。

經營企業什麼都能先不管，但請學坎貝爾，以打造好企業為最優先。

新創企業不能不訓練員工

新創企業一定要進行員工培訓，這個道理是我在網景工作時領悟到的。連到麥當勞上班都要接受訓練，工作內容複雜許多的人卻不必，這樣說得通嗎？在麥當勞點餐，如果櫃臺有個沒訓練過的員工，你會排在那一行嗎？如果有個軟體工程師寫完軟體，但完全沒學過這個程式碼的其他用途，你還會願意用他的軟體嗎？許多企業覺得員工聰明絕頂，哪還需要訓練。那就錯了！

剛當上主管時，我對員工訓練這種事又愛又恨。科技業照理有必要推動員工訓練，但我在幾個前東家有過不好的經驗。當時課程完全委託外部企業執行，但問題是對方不懂我們的產業，教的內容也只是隔靴搔癢。我那時剛好在讀葛洛夫撰寫的管理學經典《葛洛夫給經理人的第一課》（*High Output Management*），第十六章〈別等火燒眉毛才訓練〉寫道：「經理人大多認為員工培訓的工作可以交由他人執行，但我持相反意見，我深信經理人責無旁貸。」

在網景擔任產品管理部主管的時候，我常有力不從心的感覺，因為大多數產品經理都不懂得如何為部門加分。我依照葛洛夫在書中的建議，寫了篇幅不長的〈產品經理指南〉，藉此訓練員工達到我的基本要求。萬萬沒想到，不做則已，我的團隊經過訓練後，績效立刻出現改善。我原本不抱希望的產品經理，業績開始有起色。訓練沒多久，我們的團隊績效衝上公司第一名。有了這次的成功經驗，後來成立響雲端之後，我也投入大量資源在員工培訓。我們最後做得有聲有色，我覺得要歸功於當初訓練有成，而這一切只因為我當時的起心動念，決定要訓練員工，還動手寫了一份再簡單不過的訓練手冊。我從葛洛夫那段話獲益匪淺，在此也想跟各位分享心得。以下逐一說明員工訓練的必要性、執行事項與做法。

員工訓練的必要性

員工是公司最重要的資產，這個道理在科技業裡幾乎沒有企業主不知道。新創企業在營運正常的情況下，非常重視招聘與面試過程，希望藉此廣納人才。但網羅到人才後卻就此打住，十分可惜。員工訓練的必要性可分四點來說明：

1. 生產力

我常看到新創企業仔細記錄篩選了多少履歷表，面試了多少人，最後錄取人數又有多少。這些數據確實很有意義，但大家卻忘了最重要的數據是，新人當中完全達到績效的人又有幾個？

不評量員工的績效進度，公司就不會意識到員工訓練的重要。如果真的著手評估績效，公司可能會驚覺，當初在員工的招募與就職訓練上投入大筆資源，到頭來都是一場空。但就算知道新人績效不佳，大多數執行長也覺得沒必要花時間訓練員工。葛洛夫算了算，證實恰恰相反：

> 員工訓練實在是投資報酬率相當高的企業管理術。假設你為部門安排了四場各一小時的培訓課程，每場課程你必須花三小時備課，所以準備時間總共是十二個小時。再假設有十個新人參加培訓。
>
> 這些人明年預計共花兩萬個小時工作，績效因為受訓而進步一％，等於為公司帶來工作兩百小時的效益。你當初花十二小時備課絕對划得來。

2.績效管理

公司在面試主管候選人時，常喜歡問：「你有開除員工的經驗嗎？你開除過多少人？你開除員工時會怎麼做？」這些問題都很合理，但真正該問的卻沒問到：「開除員工時，你怎麼明確讓對方知道他沒有達到績效目標？」如果你說：「我在進行員工訓練時，就已經清楚設定好他的績效目標。」那就是滿分的答案。沒有員工訓練，就無從設定員工績效的基礎點，導致日後績效管理不但粗糙也前後不一。

3.產品品質

企業成立之初，創辦人往往懷抱願景，深信公司的產品架構好上加好，以前工作不得不處理的許多問題都能迎刃而解。只不過，隨著公司愈做愈好，原本好上加好的產品架構卻變成四不像。這是因為，在業績叫好之下，公司趕忙招聘更多軟體工程師，卻沒有提供適當培訓課程。工程師自己想辦法完成指派的任務，但常常是照抄現有軟體架構設置，造成使用者經驗不一致或出現性能問題，產品一團亂。各位還會覺得員工訓練的成本太高嗎？

4.員工留任

網景有段時間的員工流失率特別高，我決定把公司所有的離職面談紀錄全部看過，找出科技人離職的原因。排除經濟考量的因素之後，我發現離職的主要原因有兩個：

■ **討厭主管。**這類員工通常最痛恨的是，主管不懂得帶人、不管下屬職涯發展、不知道要給下屬回饋。

■學不到東西。公司無心協助員工培養新專長，沒有投入相關資源。

員工訓練做得好，上述兩個問題可以一併解決。

員工訓練第一步

員工訓練的第一步，最好是跟他們工作最有切身關係的專業知識與技能，我稱之為「職能訓練」（functional training）。訓練內容可以簡單，例如向新人說明你的要求（請見第一四九頁〈產品經理指南〉一文）；訓練內容也可以複雜，例如舉辦數週的工程團隊菜鳥營，讓新人完全熟悉產品架構的歷史演變。培訓課程必須依工作性質量身訂做。如果是大型課程，務必請主管和團隊裡的高手也一同參加。這麼做會有額外好處，有助於凝聚出積極正面的企業文化，效果好過辦一百場外地會議（off-site meeting）。

員工訓練的另一個主軸是管理訓練。管理訓練是為經營設定目標的好機會。你要他們定期與員工一對一開會嗎？你要他們給予績效回饋嗎？你要他們訓練員工嗎？你要他們與員工針對工作目標達成共識嗎？如果答案是肯定的，請趁這時明講，不要認為大家都有一流的管理功力。

目標設定好，自然就知道有哪幾個訓練方向，再透過課程教主管如何達到目標，例如如何撰寫績效評比報告、如何進行一對一會議等等。

安排管理訓練與職能訓練的課程還有其他好處。成立科技公司的一大好處是可以網羅頂尖人才，他們個個身懷絕技，所以在執行訓練課程時，不妨鼓勵他們分享心得。安排協商、面試、財經等方面的培訓課題，不但能夠提升公司的相關能力，對增加員工士氣也有幫助。優異員工受邀擔任培訓講師，亦能有莫大的成就感。

執行訓練計畫

了解員工訓練的重要性與方向之後，該如何落實呢？首先要認清，新創企業沒有時間做非必要的事，所以為了怕有人認為員工訓練是閒事，更應該強制執行。職能訓練與管理訓練的執行方式不難，可參考以下步驟。

■ **不進行職能訓練，缺額就不補人。**葛洛夫在書中寫道：主管若想提升員工生產力，只有透過激勵與訓練兩個方法。所以各位應該把員工訓練視為對所有主管的最根本要求。最有效的做法是，要主管先訂出一套待聘人員培訓計畫，否則該部門遇有缺額不補人。

■**管理訓練由你親自出馬。**管理公司是執行長的工作，你雖然沒時間包辦所有管理課程，但務必親自教導有關目標管理的課程，畢竟這些目標是你設定的。挑選出幾個優秀主管，由他們教授其他課程，讓他們把上台當成是一種榮譽，也規定他們不得婉拒。

員工訓練不易推動，最大的障礙往往是觀念問題，很多人覺得員工訓練太浪費時間。別忘了，改善公司生產力最有效的方式莫過於員工訓練。所以當你說忙到沒時間訓練，就等於在說餓到沒力氣吃飯。再說，要開發基礎課程並不難（以下〈產品經理指南〉就是可參考的例子）。

接任網景伺服器產品經理部主管時，我發現每個員工對自己的職責竟然莫衷一是，各有各的做法，讓我很灰心。

我最後有個頓悟，原來業界沒有人真正定義過產品經理的職責。為了界定職責，也為了避免每天高血壓的日子，我動手寫了以下這篇文章，承蒙大家厚愛，文章至今還廣為流傳。這篇文章讓我體認到訓練的重要。

產品經理指南

好的產品經理對市場、產品、產品線、競爭對手瞭若指掌，知識與信心兼具。好的產品經理是產品的執行長。好的產品經理敢作敢當，將產品成敗視為個人成敗。

他們負責判斷出正確的產品、正確的時機。好的產品經理了解背景（公司情況、營收補助、競爭態勢等等），負責規劃並執行周詳完善的產品計畫，不找藉口。

不好的產品經理藉口一大堆：經費不夠、工程部主管腦筋秀逗、我們的產品工程師只有微軟的十分之一、我工作量太多、上級給我的指示不夠。公司的執行長絕對不會滿嘴藉口，產品經理身為產品的執行長，自然不該處處推託。

好的產品經理不會浪費太多時間協調各單位；要研發出對的產品、在對的時間上市，各單位原本就該協力合作。他們不把產品團隊所有的會議內容都記錄下來、不是聯絡各個工作的負責人、不是工程團隊的打雜工。他們不是產品團隊的一員，而是產品團隊的經理人。好的產品經理在工程團隊眼中不是「行銷資源」，在工程主管眼中卻是具備行銷能力的好夥伴。

好的產品經理明確定義目標，把重點放在「結果」而非「方法」，並設法達到「結果」。不好的產品經理想出「方法」時，自以為厲害。好的產品經理將想法清楚傳達給工程團隊，書面與口頭都是如此。好的產品經理公開給予指示，私下蒐集資訊。

好的產品經理會安排推廣品、常見問答集、簡報、白皮書等等，供銷售人員、行銷人員，以及高階主管利用。不好的產品經理抱怨整天回覆銷售團隊的問題，忙到焦頭爛額。好的產品經理洞燭機先，察覺產品可能有哪些重大瑕疵，主動解決。不好的產品經理整天忙著救火。

好的產品經理書面表達在重要議題的立場，例如祭出哪些競爭絕招、選擇哪種產品架構、決定產品走向、選擇該迎戰還是該棄守。不好的產品經理口頭發表意見，感嘆天不時地不利人不合，失敗了就推說早知如此。

好的產品經理要團隊以營收和客戶為重。不好的產品經理要團隊專注在競爭對手，看他們研發出多少產品功能。好的產品經理認為，好產品只要努力就能研發成功。不好的產品經理認為好產品難研發，或者放任工程團隊研發，只鑽研最難的問題。

好的產品經理想得遠，產品規劃階段即思考如何為客戶加分，產品上市階段則思考如何搶下市占、達到營收目標。不好的產品經理不會想，分不清「為客戶加分」與「跟著競爭對手推出新功能」的差別，也不懂「產品訂價」與「產品普及性」不能混為一談。好的產品經理解構問題，抽絲剝繭。不好的產品經理把問題壓縮成一團，剪不斷理還亂。

好的產品經理事先設定好新聞效果。不好的產品經理希望媒體把每個功能都寫到，而且技術規格不能有誤。好的產品經理主動問媒體問題。不好的產品經理被動回答媒體問題。好的產品經理認為記者和分析師很聰明。不好的產品經理認為記者和分析師很笨，不懂產品技術的細微差異。

好的產品經理凡事說清楚講明白。不好的產品經理凡事含糊，甚至連簡單基本的事情也交代不清。好的產品經理定義自己的工作與成功。不好的產品經理希望有人發號施令。

好的產品經理懂得自律，每週準時寄出進度報告。不好的產品經理不懂自律，不知有進度報告這回事。

從朋友的公司挖角，OK嗎？

一流的科技公司都需要優秀人才。唯有投入時間、金錢、心血，練就高超的獵才能力，才能成為一等一的企業。但為了打造一流團隊，你願意做到什麼地步？從朋友的公司挖角可以嗎？真的挖角成功，你們還能當朋友嗎？

我先定義一下我所謂的「朋友」。除了私生活的朋友之外，在此我把重要生意夥伴也視為朋友。

就這個問題而言，上述兩類朋友在我看來是一樣的。

執行長找人才時，絕大多數不會從朋友的公司挖角。做到執行長的位置，朋友已經不多，如果再朝朋友的公司下手，保證朋友又少一個。但說也奇怪，幾乎每個執行長都會面臨挖朋友牆角的抉擇，這是為什麼呢？什麼時候可以這麼做？又會跟朋友撕破臉嗎？

反正要走也留不住

故事的開頭總是大同小異。你朋友小陳的公司裡有個優秀的工程師，名叫阿德，他剛好是你旗下明星工程師的朋友。在你不知情的情況下，你旗下有名工程師找阿德來面試。優秀如阿德，面試當然過關斬將，最後一關是由你面試。你立刻注意到阿德目前在你朋友的公司服務。你問人資部是否主動向阿德接洽，得到的答案是，阿德自己已經在找機會，就算不來我們公司，也會跳槽到別的地方。現在怎麼辦？

你這時可能會想：「如果阿德要離職，小陳照理會希望他來我的公司，至少不是投效競爭對手；或者到別家公司，但執行長卻是小陳討厭的人。」小陳真的會這麼想嗎？很難說。

員工之所以離職，通常是因為公司營運不善，所以你應該假設小陳的公司現在正處於水深火熱的狀態。如果這時又痛失大將，恐怕打擊更深，因為他知道其他員工都把阿德的離職看成預兆，公司的前途堪憂。殺傷力更大的是，小陳的員工發現你挖角，一定覺得你是趁人之危的朋友，而對小陳的想法則是：「小陳這個執行長做得真糟糕，連朋友來搶人也沒辦法制止。」於是乎，原本可以就事論事的問題，演變成私人恩怨。

你不希望失去小陳這個朋友，所以你向他保證阿德是例外，是他主動上門求職，你以後不會再讓類似情況發生。這麼解釋通常有用，小陳會謝謝你主動解釋。他會選擇原諒，但請相信我，這件事他一定忘不了。

阿德跳槽是你們友情的第一道裂痕。看到明星員工出走，其他優秀員工有可能打電話給阿德，問他為什麼離職。阿德講得頭頭是道，結果沒多久大家也學他跳槽到你公司。在你不知不覺之下，人資已經向這些人做出保證，甚至連聘僱通知書也已經寄出。

每次遇到這種狀況，你的員工會再三保證是對方主動詢問，而且別家公司也準備錄取他們，所以他們已經抱定主意要離開小陳的公司，你倒不如趁機網羅人才。但換到小陳的公司，主管的說法絕對不是如此，他們會請小陳叫你不要再搶人，否則大家的工作表現只會愈來愈糟糕。小陳聽了一定又氣又尷尬，最後難敵輿論壓力，被情緒主宰，根本不會管你怎麼解釋。

我打個比方，如果你先生離開你，你會希望你的閨密和他約會嗎？反正他遲早都會找上別的女生，如果由閨密接收不好嗎？聽起來似乎合理，但這種事怎麼可能理智面對，朋友是做不成了。

怎麼辦？

首先要知道的是，這些跳槽員工若不是能力高超，就是能力不怎麼樣、你自己公司也不會想聘用的人。所以說，你從朋友公司挖角來的人，不是頂尖人才就是一般庸才，但請不要假設是後者，以為對方公司不在意。

不妨參考我寫的〈直覺式挖角原則〉（Reflexive Principle of Employee Raiding）：「如果某公司挖走你的幾個大將，你的直覺反應是震驚不已，那你就不應該挖對方的人才。」這樣的公司愈少愈好，最好不要有。

為了免掉這類麻煩，許多企業訂有成文或不成文規定，列出未經執行長或資深主管同意不得從中延攬的企業。透過這樣的政策，你讓朋友有採取行動的最後一次機會，或是挽留有意離職的員工，或是向你提出反對。

正確的心態有了，實際處理時建議開誠布公。一旦發現有友情與工作的利益衝突時，你應該跟這位明星員工明講，說你和他現在的公司有重要的業務往來，必須先與他的執行長進行資格審核才能決定；如果應試者不希望讓他的執行長知道，你就不應該繼續考慮這個人，並將整個過程保密。事先知會朋友，更能判斷這件事對雙方關係有何衝擊，也可能因此避免誤把庸才當人才的問題，因為很多應試者的面試分數很高，但上班後表現大扣分。

結語

在經典老片〈黃昏三鏢客〉（The Good, the Bad and the Ugly）中，克林．伊斯威特（Clint Eastwood）與伊萊．沃勒克（Eli Wallach）飾演結伴行騙的拍檔。沃勒克在電影中飾演逃亡中的汪洋大盜，引來各方賞金獵人，於是和克林．伊斯威特合作騙取賞金。被判處吊刑的沃勒克騎在馬上，雙手被綁在身後，吊繩束在脖子，準備受刑。只見克林．伊斯威特這時從遠方射斷繩索，讓沃勒克成功脫逃，事後兩人平分賞金。兩人的詭計原本無往不利，但有天克林．伊斯威特救出沃勒克後，說：「我覺得你應該最多只能拿三千美元。」沃勒克不屑回說：「你什麼意思？」克林．伊斯威特冷冷地說：「我們兩個人不是非得合作不可。改天我就不射斷繩索，自己留下賞金。」電影接下來復仇大追殺的情節更成經典。

人生如戲，戲如人生。從你的執行長朋友旗下搶人，此舉意謂著你們的友誼不重要，那就別指望再當朋友了。

大企業主管為何和小公司八字不合？

產品找到市場定位，你也準備開始擴大公司規模，這時董事會建議你網羅經驗豐富的高階主管，借重他們在財務、銷售、行銷領域的長才，從世界一流的產品過渡到世界一流的企業。你物色到幾位人選，但董事會裡有位創投專家說：「你太小看自己了。我們公司的前途一片大好，絕對找得到更好的人才。」於是你把眼光拉高，找到一位戰績輝煌的業務部主管，他之前掌管的部門規模龐大，員工好幾千人。他的推薦人名單顯赫，他自己看起來也頗有架勢。他的履歷讓人印象深刻，董事會的創投專家很喜歡。

半年過後……

時間快轉六個月，公司每個人心中開始冒出問號。業務部（也可能是行銷部、財務部、產品部）主管明明沒做出一丁點成績，拿到的認股權卻多到嚇人，遠遠高出底下做牛做馬的人。從你的角度來看，他不值當初講定的高薪就算了，問題是他又不做事，導致營收達不到預期。這究竟是怎麼一回事？

碰到這種情況，最該認清的一點是：同樣是當主管，大企業和小公司截然不同。將Opsware賣給惠普之後，我在後者管理幾千名員工，大部分時間都花在處理其他人的事情。例如小公司問我有沒有合作或收購的意願、旗下員工需要我核准、其他單位需要我協助、客戶需要我處理等等，事情一大堆。

因此，我大部分時間都在調整既有業務，好還要更好，但這些工作屬於「守成」。問大企業的主管每季推動幾個專案最恰當，多數都會認為超過三個就太多了。也就是說，工作被打斷是大企業主管的常態，所以專案不求多。

反觀在新創企業當主管，不主動找事做就等著交白卷。公司草創時期，你每天要想出八到十個新計畫，否則公司只會原地踏步。天底下沒有不勞而獲的事，沒有你在背後衝衝衝，公司就沒辦法往前進。

怎麼會這樣？

從大企業網羅到主管後，會有兩個磨合點：

1. **步調磨合點**。新主管依照過去經驗，習慣等著有人寫電子郵件給他、有人打電話找他、有人安排會議。現在來到新創企業，他這樣等會等到海枯石爛。眼見新主管一直按兵不動，其他員工紛紛開始懷疑他的功用在哪裡，會問：「那個人怎麼每天閒閒沒事？」「他憑什麼拿那麼多的認股權？」

2. **專長磨合點**。公司的大小規模不一，經營所需的專長也大不相同。公司規模大，你的專長在於複雜決策、優先順序、組織設計、流程改善、組織溝通等等。但如果公司處於草創時期，則沒有組織架構需要規劃，沒有流程需要改進，內部溝通也很簡單。但你必須知人善任，有高超的專業知識（品管由你個人負責）、懂得如何從無到有建立流程，以及樂於嘗試新方向與推動新的工作事項。

如何避免愈磨愈不合？

有兩個關鍵步驟可以避免磨合問題：

1. 面試過程找出重大的磨合點。

2.將就職訓練看得與面試一樣重要。

找出磨合點

要如何知道新主管的步調或專長難以磨合？建議面試時可問以下幾個問題，我個人覺得很有用。

你上任第一個月有什麼計畫？

對方如果太強調多看多學，你就得注意了。這表示他可能誤以為新公司要學的事很多，甚至以為新公司和原東家的運作一樣複雜。

留意對方是否以為當主管是在解決問題，而不是主動找問題。在新創企業裡，問題永遠不會自己找上門。

如果對方在面試時提出五花八門的點子，就值得考慮。

別。

新工作和你現在的工作有何不同？

注意對方知不知道兩個工作的不同之處。如果他的歷練符合你的需求，便懂得解釋兩者的差別。

留意認為新工作可以立即上手的應試者，他們的經驗日後可能派得上用場，但未必立刻看得到成效。

你為什麼想加入小公司？

如果對方考量的是股權，就要特別留意了。零的一％還是零，來自大企業的主管有時候搞不清楚這點。

比較好的答案是，他想做點更有創意的事情。大企業與小公司最重要的差別在於，前者專注在營運，後者聚焦在創新。對方若希望多點時間創新，則表示他是適當人選。

如何讓新主管積極融入？

協助新主管融入團隊，可說是最關鍵的一步，需要花大量時間進行。以下幾點值得參考：

■ **要求新主管拿出成績**。幫他設定每月、每週，甚至是每天的目標，務必要他立即做出成效。全公司都在看，新主管若能在短期間就交出成績單，融入公司會更容易。

■ **要求新主管立刻上手**。什麼都不懂的主管，在新創企業裡沒有價值。要求新主管必須了解產品、技術、客戶、市場。不妨安排與新主管每天開會，要求他準備各式各樣的問題，當天聽到的、卻不完全聽得懂的問題，都可在這時提出。你回答時務必深入，先從最重要的原則講起，協助他們快速進入狀況。如果新主管一個問題也沒有，請考慮將他開除。如果一個月過了，你覺得他跟不上進度，務必開除他。

■ **安排新主管與其他人碰面**。要求新主管主動與同仁接觸互動，可以是其他主管，也可以是公司裡的靈魂人物。為他列出哪些人是他應該認識、學習的對象，並要求他報告心得。

結語

想要加速公司發展腳步，最快的辦法就是空降部隊，向外找在同類型企業有拓展部門的經驗、但營運規模更大的主管。但這麼做未必沒有缺點，新主管是成是敗，事前都有蛛絲馬跡可尋，務必加以留意。

聘用高階主管：自己沒做過，你怎麼找到最佳人選？

職能型主管的工作內容不同於總經理（尤其是執行長）。最大的差別在於，你身為執行長，求才時必須找在特定工作比你厲害許多的人，有些工作甚至你從來沒做過。試想，有多少執行長曾當過人資、工程、業務、行銷、財務或法律部門的主管？應該找不到吧！

既然沒有相關經驗，你如何找到適合人選呢？

步驟1：知道你要找什麼

想找到適合的主管，步驟1絕對是最重要的一步，卻常常被人忽略。潛能大師東尼・羅賓斯（Tony Robbins）曾說：「如果不知道目標何在，達到目標的機會微乎其微。」因此，要先知道你要什麼，但如果這份主管職你自己沒做過，該怎麼知道要找什麼人？

首先，請先認清你並非事事都懂，也別想透過面試過程知道你想找什麼人。面試過程有時可以學到很多，但如果只透過面試來得到資訊，容易掉進以下陷阱：

■ **外貌協會**。以外表與談吐來決定是否錄取，夠誇張吧？但根據我的經驗，外貌談吐其實是許多人網羅主管時的最高原則。執行長不知道自己要找什麼人，董事會也沒仔細思考過人選，當然只能以貌取人。

■ **刻板印象**。如果我當初憑著刻板印象找業務主管，等於是心中先有一個完美人選的形象，再拿應試者與這個形象比較，這樣可能永遠找不到柯蘭尼，各位現在也可能讀不到這本書。這種做法並不可取，原因有幾個。首先，你的公司不是隨便一家公司，需要的主管也不是隨便哪種人才就可以。你必須針對公司現階段的狀況找到對的人。甲骨文的業務部主管二〇一〇年做得好，但換到一九八九年可能做得慘兮兮。同一位工程副總在蘋果做得好，但換到社群網站「四方廣場」（Foursquare）未必適合。適才適任，才是關鍵。第二，你的假想形象八九不離十是錯的。試問，你是根據什麼條件勾勒出這個形象的？最後一點，要請面試小組學會你那套抽象標準，根本不可能，每個人最後只會各找各的特質。

■ **不求優點，只求沒有缺點**。經驗累積多了，你會知道公司每個員工（包括你自己）都有重大缺陷。沒有人是完美的，因此在網羅人才時，務必要看他的優點，不要找沒有缺點的人。每個人都有缺點，只是有些人的缺點比較容易看到罷了。找沒有缺點的人，只是讓工作氣氛更融洽。你應該找出你希望看到的長處，找到符合條件的頂尖人才，至於他在其他次要領域有什麼缺點，暫且先不管。

想知道你對某個主管職有何要求，最好的方式就是暫代該職位，實際做做看。我曾經暫代的職位包括人資部副總、財務長，以及業務部副總。執行長通常不肯代理主管缺，擔心自己不夠專業而無法勝任。但正因為專業知識不足，才要親自上陣，知道公司現階段需要什麼能力，進而找到適合人選，而不是樣樣都會卻樣樣不精的主管。

除了暫代職缺之外，強烈建議也請領域專家（**domain expert**）協助。如果認識優異的業務主管，不妨先跟他們聊聊，了解他們之所以優秀的原因。可能的話，面試時也請領域專家參與，但請注意，專家對於這個職缺只有片面認識，特別是他對你公司的實際情形、運作方式，以及確實需求所知不多，所以不能將錄取決定權交給領域專家。

最後，你對新主管有何期許，在一開始就要想清楚。他在第一個月要做什麼？他加入公司的動機是什麼？你希望他立刻擴編部門，還是接下來一年只找一、兩名新員工？心裡都要先有答案。

步驟2：啟動尋人流程

知道你想要的主管特質之後，接著應該啟動尋人流程。我個人喜歡採用的流程如下：

新主管應該具備哪些長處，哪些短處又是你願意容忍的，全部列下來。

為了怕有遺漏，我建議納入以下幾個衡量標準：

- 新主管的專業職能是否優異？
- 新主管的管理能力是否優異？
- 新主管對於公司策略方向會有重大貢獻嗎？
- 新主管對團隊效益有無加分作用？有的主管雖然人見人愛，但與其他團隊成員完全無法發揮綜效；有的主管既幹練又很有影響力，卻完全不得人心。絕對要選後者。

上述能力的重要性因職位不同而有不同，故務必針對特定職位找到平衡點。一般而言，管理能力對工程主管與業務主管是首要功夫，但對於行銷主管或財務長就沒那麼重要。

擬出能測定是否符合該標準的問題

就算最後在面試時沒問，先把問題列出來，你對該主管職的理想條件也會有更深刻的了解。其他方法則很難達到同樣的效果。我為了評估應試者有無企業銷售能力與管理能力，曾寫下一連串的面試問題，請參考書末附錄。接著籌組面試小組，開始面試。

籌組面試小組

安排面試小組的成員時，請自問兩個問題：

1. **誰最能協助你看出應試者是否符合標準？**這些面試官可以是內部人員，也可以是外部人員；可以是董事、其他主管或專家。
2. **誰願意日後與該應試者合作？**這個類別的面試官和上一類同樣重要。不管新主管有多厲害，如果與其他主管不合，他也很難做出一番成績。要避免這個問題，最好先透過這類面試官了解潛在議題。

當然，第一類與第二類的面試官可能會重疊。這兩種面試官的意見都很重要：第一類面試官能幫你找出最理想的主管人選；第二類面試官能幫你評估應試者能否融入公司。一般而言，面試到了最後一關，最好只找第二類面試官參與。

接下來，根據面試官的專業領域分配問題。尤其是問問題的面試官，對於怎麼樣的答案才符合標準，心裡必須有底。

每次主持面試，務必與面試官交換心得，針對衡量的標準取得共識，這樣才能得到最完善的資訊。

明察暗訪

篩選到最後幾名人選，執行長請務必切記，一定要親自進行資歷查核。你對應試者有哪些衡量標準，必須趁這個時候查證，可分為明察型與暗訪型。暗訪型資歷查核，指的是向認識應徵者、但沒被列入推薦人的人查證。向這些人求證的好處很多，有助於對應徵者有客觀認識。但明察型資料查核也很重要。既然被應徵者列為推薦人，他們想必準備好會提供正面評價，所以評價好壞並非你求證的內容，重點應該放在應試者是否符合你的衡量標準。這類推薦人通常最懂應徵者，在這方面會很有幫助。

步驟3：自己決定

儘管面試過程有許多人參與，但最終還是必須由你決定。面試的種種考量，例如衡量標準、標準背後的理由、面試官與推薦人的意見、不同利益關係人的相對重要性，只有執行長全盤了解。如果取得共識才能決定主管人選，通常只會導致過程失焦，大家忘了著重在應徵者的專長，而只看他有沒有缺點。決策者請懂得享受孤獨。

當員工曲解主管的本意時

嚮雲端草創初期，許多人做了奇奇怪怪的事，會撂出一句：「這是小霍說的！」那些指示通常不是我給的，也絕對不是我的口氣。接下來跟各位分享的管理原則，與這些經驗有關。

第一個案例是在Opsware時，我們面臨業績呈現非線型發展的問題，也就是所謂的「曲棍球曲線」（hockey stick），單季營收呈現先蹲後跳的趨勢。有一季這個問題特別嚴重，九成的新訂單都擠在最後一天。營收起伏如此激烈，導致業務規劃不易，對身為上市公司的我們，尤其難堪。

我當然希望讓曲棍球曲線更平均分配，業務能夠穩定點，於是設計出獎勵方案，業務人員如果在該季前兩個月接到案子，就有獎金可拿。執行之後，單季營收稍微呈現線型發展，但有些規模略小的案子，卻因此從這一季的第三個月延到下一季的前兩個月。

第二個案例是在網景，我擔任工程主管時，對某個產品的績效標準是時間表、品質，以及功能。工程團隊準時交貨，該有的產品都有，軟體錯誤也很少。但產品的市場反應差強人意，因為它的功能沒有一個稱得上優異。

第三個案例是我在惠普工作時，所有業務都往數字看齊，各個部門訂有嚴格的營收與毛利目標。有些部門雖然達成業績數字，卻是因為砍了研發預算的結果。這麼做會嚴重削弱長期競爭力，未來難有好的下場。

在上述三個情況中，主管雖然達到我們的要求，但結果卻不是我們想要的。為什麼呢？請看以下分析：

打平曲棍球曲線：目標錯誤

現在回想起來，我萬萬不該要求團隊把業績平均分配在每個月。既然如此要求，我就必須接受當季業績會縮水的事實，起碼短期會有這種下場。問題是，我們的業務人員已經有限，每個人都在拚命衝刺當季業績，結果為了曲線更一致，只好改變自己的做法，調整事情的輕重緩急。但其實，把營收最大化才是我追求的目標。

還好沒有出現大問題。《孫子兵法》曾說，不知軍之不可以進而謂之進，不知軍之不可以退而謂之退，是謂縻軍。我雖然沒有害團隊潰敗，但不知輕重緩急卻是事實。我當初應該一開始就拿出魄力，決定是要衝刺單季業績，還是提高業績穩定。如果決定以穩定為主，「打平曲棍球曲線」的要求才說得通。

太專注產品指標

我在第二個例子犯的錯誤是，要團隊達成幾個目標，卻因此模糊了真正的重點，也就是研發出深受客戶喜愛的產品為最優先，其次是產品品質，最後才要求準時交貨。

但我設下的指標卻看不出上述的先後順序。指標可以說是一種誘因，我們把品質、功能，以及交貨時間當作產品指標，每次開會又拿來討論，大家心思自然圍繞在上面，忘了其他目標也很重要。我因為設下指標，反而讓團隊偏離了真正的目標。

有趣的是，許多消費型網路新創企業都有同樣的問題，為了爭取新客戶、留住既有客戶，拚命要達到相關指標。這麼做通常能爭取到新客戶，但留住既有客戶的效果不大。為什麼呢？

許多產品設定的相關指標，已充分點出要爭取到新客戶，需要做到哪些事項，所以主管管理起來有所依據。反觀是否留住既有客戶，相關指標卻不夠明確，並不是一個全面的管理工具。因此，許多新創企業過於強調客戶保留率的指標，花在精進使用者經驗的時間反而不足，常常變成一味追求數字好看，最後的產品雖然好，但並不優異。有偉大的產品願景，固然需要輔以各項指標確實執行，但如果誤把指標當願景，再努力也達不到目標。

管理只看業績數字，好比畫圖只按號碼著色

你對大家的種種要求，有的可用數據衡量，有的不行。目標只看數據卻忽視了品質，往往會犧牲掉品質。管理只要求數據表現，就像是畫圖只按照號碼順序逐一著色，完全是門外漢。

惠普對於短期和長期獲利都設下高標，但因為完全只看數據表現，導致短期獲利雖然亮麗，卻犧牲了長期獲利。

其實還有很多數據與品質目標值得參考。

- 客戶贏取率是升是降？
- 客戶滿意度是升是降？
- 內部工程師對產品有何看法？

惠普在管理上彷彿黑箱作業，有些部門只衝刺目前的業績，卻因此犧牲了下游競爭力。惠普會獎賞達到短期目標的主管，但此舉對公司前景有害無益。正確的做法應該是，除了看業績數字之外，還要看執行的方法，懲罰短視近利的主管，獎勵願意投資未來的主管，哪怕他的努力可能

不容易衡量。

結語

從上文可見，領導人的原意容易遭到曲解，正所謂上有政策、下有對策。要避免這個問題，必須決定好目標之後，進一步觀察員工行為，否則原本的問題沒解決，卻因為員工自有對策而更棘手。

管理債

拜發明wiki系統的坎寧安（Ward Cunningham）之賜，大家對「科技債」（technical debt）的概念已經不陌生。軟體工程師為了搶時間，寫出急就章的程式碼應變，但到最後連本帶利還是得還債。有欠有還就沒有問題，但如果欠了技術債卻拋在腦後，問題只會愈滾愈大，難以收拾。經營企業有個概念與技術債類似，但較少人知道，我稱之為「管理債」（management debt）。

和技術債的道理一樣，之所以會有管理債，是因為你眼中只看到短期，急就章做了決定，卻造成日後付出昂貴的代價。和技術債一樣，管理債如果有欠有還，有時還說得過去，但其實常常是不成立的。更值得注意的是，欠下管理債如果完全不加理會，最後只會淪落到管理破產的下場。

正如同技術債一樣，管理債的形式五花八門，在此無法一一探討，我只舉出幾個明顯的例子。新創企業最常欠的管理債有三種：

1. 一山容二虎。

2. 加薪挽留準備跳槽的明星員工，但加薪幅度太高。
3. 缺乏績效管理，也沒有員工回饋流程。

一山容二虎

兩名員工都是優秀人才，公司這時有個管理職空缺，理論上他們都很適合。他們一個是頂尖的軟體架構師，掌管工程小組，卻缺乏帶領部門成長的經驗；另外一個員工的管理能力優秀，但技術專業度較不足。你希望留住兩個人，但職缺只有一個。所以你自以為聰明，讓兩個人擔任部門主管，等於是欠了一點管理債。這麼做短時間就能看到好處，兩個人才都留下來；你不必再培育他們，因為照理說他們會互相學習，相輔相成；專長不足之處立刻可以克服。但這些管理債日後必須連本帶利償還，而且利率相當高。

兩主共管部門的第一個問題是，每個工程師會很難做事。工程師需要主管做決定時，該找哪一個？A主管決定了，B主管可以反駁嗎？如果是需要大家開會才能決定的議題，要請兩位主管一同出席嗎？部門的營運方向該由哪一位決定？如果需要開很多次會才能決定方向，真能討論出個所以然嗎？

這樣做也破壞問責制度。如果交貨時間延宕，誰負責？如果產品傳輸率落後競爭對手，誰負責？如果交貨時間延宕由營運導向的主管負責，而傳輸率不佳由專業導向的主管負責，那如果營運導向的主管硬要工程師準時交貨，卻因此犧牲傳輸率，又該怎麼劃分權責？你又怎麼知道他做了這件事？但真正的代價是，這些問題通常只會愈來愈嚴重。為了暫時克服這些問題，你可以多多開會溝通，也可以清楚劃分工作內容。但隨著工作愈來愈多，權責界線漸漸模糊，部門績效退步。最後你還是得付出慘痛代價，忍痛選擇一個留下，不然整個工程部門只好一蹶不振。

加薪挽留準備跳槽的明星員工，但加薪幅度太高

有位優秀工程師被挖角，另一家公司提出的待遇更好，所以他決定離職。假設你給他的待遇偏低，另一家公司開給他的薪水比你旗下其他工程師都高，而他又不是最厲害的一個。偏偏他現在手上有一個大專案，你不能沒有他，所以你決定幫他加薪，金額與另一家公司一樣。專案保住了，但你卻欠了管理債。

這筆管理債怎麼還？你跟他說加薪的事務必保密，但這怎麼可能。他在公司裡有朋友，接

獲另一家公司的錄取通知後，他請教朋友的意見，好友勸他接下，別跟錢過不去。但後來他選擇留下來，所以覺得有必要跟朋友解釋清楚，免得對方誤會。他老實招來，要朋友保密。朋友答應誰都不講，但聽了很生氣，沒想到要打出離職牌才有辦法加薪。朋友還很生氣你幫他調薪的幅度這麼大，所以把整件事跟幾位朋友分享，但把他的名字改了。現在搞得整個工程部都知道了，原來想要加薪，最好是先拿到別家公司的錄取通知，再來吵若不加薪就離職。看來這筆管理債要一陣子才能還完。

缺乏績效管理，也沒有員工回饋流程

公司現在已經有二十五名員工，建立正式的績效管理系統勢在必行，但你不太願意，擔心此舉會流於大企業的八股形象。你也怕員工聽到要被評分會心生反彈，因為你現在每個員工都不能少。再說大家做得很高興，何必破壞氣氛呢？欠點管理債應該沒關係。

最先出現的問題如下：

執行長：「他剛進公司時表現很好，現在怎麼變這樣？」

主管：「我們交代他做這件事，他卻做另一件事。」

執行長：「你有明確跟他談過這個問題嗎？」

主管：「可能講得不清楚吧……」

但真正的代價是無形的。公司要能長治久安，一來每個人要有共識，二來每個人要能持續成長。但少了回饋系統，要做到這兩點是難上加難。隨便點個方向，卻又不引導，恐怕只會讓人撞得滿頭包。員工不知道自己哪裡做不好，怎麼會想到要改進？不懂得提供回饋，最終的下場就是公司表現停滯不前。

結語

我認識的執行長當中，真正厲害、歷練又豐富的，都有一個重要特質：遇到問題時擇善固執，當機立斷。是給每個人同樣獎金，天下太平，還是重金獎勵表現好的人，得罪其他人？他們會選擇後者。留住某個專案可以提振士氣，而且表示決策連貫，但這樣無益於長期規劃，怎麼辦？他們會立刻砍掉專案。為什麼呢？因為他們吃過管理債的虧，不會再犯錯。

產品品質靠品保，管理品質靠人資

在科技業工作，大家似乎都同意「以人至上」這句話，但對於人資部應該如何運作，卻又莫衷一是。

什麼樣的人資部最適合，大部分的執行長其實也沒頭緒。照理說，每個執行長都希望公司管理得當，企業文化優異，但又覺得無法靠人資部達到這個目標，所以常看到有執行長放手一搏，訂出一套差強人意、甚至完全無效的體系。

當過工程部主管的人都知道，品保部再厲害，也做不出好產品，但如果研發團隊做出爛產品，品保部絕對知道。同樣的道理，人資部再厲害，也無法幫你打造出一家管理良善、企業文化優異的公司，但經營團隊如果管理不善，人資部絕對知道。

員工的工作生命週期

管理品質要做好，最好的方法是看員工的工作生命週期。從員工任聘到退休，你的公司安排得好不好？經營團隊是否在每個階段都做到最好？你又如何得知？

對於經營團隊而言，優異的人資部是後盾、是衡量尺，也有鞭策表現的功用。他們能協助你解答下列問題：

招聘

- 每個職缺需要具備哪些技能與專長才能勝任，你是否清楚了解？
- 你的面試官是否做好萬全準備？
- 主管與員工是否扮演好公司的最佳代言人，讓潛在員工更認同你的公司？
- 面試官是否準時到場？
- 主管與招聘專員是否及時掌握應試者的情況？
- 與其他頂尖企業相比，你是否具備徵才優勢？

薪資

- 員工福利是否符合公司人力結構？
- 相較於競爭對手，你提供的薪資與認股權是否更優渥？

■員工績效評等是否與薪酬制度搭配得當？

就職訓練

■新人加入公司後，需要多久才能為自己、為同事、為直屬主管帶來產值？

■新人知道多少公司對自己的期望？

績效管理

■主管是否定期給予員工回饋？內容是否清楚？

■公司書面績效報告的品質如何？

■員工是否準時收到績效審核報告？

■你是否成功勸退績效不佳的員工？

工作動力

■員工是否有工作熱情？

■員工是否認同企業使命？

- 員工是否每天開心來上班？
- 是否有員工對工作漠不關心？
- 員工是否清楚知道公司對他們的期望？
- 員工流動率低，還是高於業界平均？
- 員工離職的原因為何？

優秀人資主管的條件

為了全面而持續地了解經營團隊的成績，你應該找什麼樣的人資部主管？幾個關鍵條件如下：

- **一流的流程規劃能力**。和品管部主管一樣，人資部主管必須精通流程規劃。流程的規劃與控制做得好，才能精準評估重要的管理流程。
- **企業裡的外交官**。誰都不喜歡愛打小報告的人，人資部如果缺乏經營團隊的真心信任，絕對做不好。主管必須相信人資部的作用在於協助，而非監督。優異的人資部主管真心希望協助各主管，不把找碴當業績，而是與主管直接合作，提升員工品質，必要時才把問題提報到執行長層級。人資部主管或知情不報、或爭權奪利、或暗中算計，都是失職的表現。

■ **產業知識**。舉凡薪資、福利、招聘最佳實務等等業界資訊，變化快速，人資部主管必須具有豐沛的業界人脈，掌握產業最新脈動。

■ **執行長得力軍師**。人資部主管如果沒有執行長的全力支持，督促其他主管達到最高水準，即使具備了上述專長也沒用。因此，執行長必須信任人資部主管的思維與判斷。

■ **洞察氣氛**。管理品質開始走下坡時，大家都不會明講，但人資部主管必須明察秋毫。

第6章

規模大了，管理難了

沒膽的黑鬼不要來。
夠屌，就來一起闖。

——千里達．詹姆士（Trinidad James），〈金光閃閃，瑞氣千條〉（All Gold Everything）

響雲端／Opsware時期，一名主管在主管會議發言，表示有個問題困擾他很久了。「我們公司隨時隨地都聽得到髒話，許多員工很不舒服。」其他人也有同感：「這樣的工作環境很不專業，應該制止。」他們雖然沒有明講，但想也知道他們是衝著我來，因為我是全公司、甚至整個科技業最愛飆髒話的人。我當時帶著團隊衝鋒陷陣，常沒幾句話就奉上三字經。

我會口不擇言是故意的。交辦工作事項的時間有限，一次就要說清楚，所以飆幾句髒話特別有效果。「你把重點搞錯了」，絕對沒有「你他媽的把重點搞錯了」更有力。執行長罵髒話，主管也會跟著開罵，有助於公司上下都知道你的要求——也可能變得大家講話都像流氓。另一方面，我也不是故意要口不擇言。那時的我沒有辦法控制脾氣，公司經營不容易，我好比得了執行長妥瑞氏症，罵髒話成了不由自主的習慣。

有鑑於不少人對髒話習慣覺得反感，我只好正視這個問題。我那晚想了很久，考量到以下幾點：

- 科技業中有人可以接受髒話，有人不行。
- 如果禁止講髒話，有些人不會想加入我們公司，就算加入了，也會很快離職，覺得我們老派拘謹。

■ 如果不禁止講髒話，有些員工可能會離職。
■ 我的判斷不準，因為我就是髒話講最兇的人。

幾經考慮之後，我發現即使是英特爾、微軟等科技龍頭，也是講髒話出了名，如果我們絕口不提三字經，恐怕與他們及其他科技公司脫節。講髒話當然不值得鼓勵，但全面禁止又太不切實際，而且可能出現反效果。想吸引最頂尖的工程師加入，有時勢必會從髒話滿天飛的環境求才。一個是找到業界菁英，一個是打造無污染語言的企業環境，選擇起來很簡單。

我決定不禁止髒話，但知道有必要清楚表達立場。既然有人提出微詞，而且上報到最高層，應該給大家一個解釋。但怎麼解釋又是個棘手的問題，因為髒話不見得在每個場合都恰當。講髒話威脅或性騷擾同事，是公司絕對不容許的行為，所以我必須界定清楚。該如何向大家說明某些場合可以口出穢言，實在不簡單。

我那晚剛好看到電視在播七〇年代老片〈暗獄〉（Short Eyes ;，暫譯），內容描述一個性騷擾兒童的男子入監，成為其他囚犯的欺凌目標，因為專找兒童下手的性侵害者在獄中最受到鄙視，大家都想除之而後快。電影有個年輕主角是其他囚犯口中的「小賤賤」。

說來各位可能不信，但我從那部電影找到了答案。

隔天，我在公司全體大會裡說了以下這段話：

「我們公司常常有人開口閉口都是髒話，我最近注意到有許多同仁對這樣的現象很反感。講髒話我排第一名，同仁的抱怨讓我反省我個人的行為，也思考公司整體狀況。我覺得眼前有兩個選擇：全然禁止，或是接受。不可能同意各位講髒話的同時，又要求盡量少講一點。我之前說過，公司要做出一番成績，必須網羅到最好的人才。看看科技業，幾乎每家企業都聽得到人講髒話。如果我們嚴禁髒話，能找到的人才可能變少，所以我不會禁止大家講髒話。但這不代表可以威脅、性騷擾其他同仁，或有任何不當的行為。從這個角度來看，髒話就和一般說話差不多，凡事要看情境。我以『賤』這個字來舉例。男生之間講話賤來賤去，有人覺得是哥們，但對女同事說賤貨、賤人絕對不允許。」

這就是我對這件事的官方說法。

那天以後，再也沒聽到員工抱怨公司的髒話現象，就我所知，也沒有人因此離職。企業遇到問題時，有時候需要的不是解答，而是把問題講開就好。我明確讓大家知道，只要不涉及威脅或騷擾他人，講髒話在我們公司是允許的，大家就再也沒有怨言，至少就我所知是如此。明訂這項政策後，工作環境更自在、員工流失率低、大家也沒有微詞，效果是正面的。所以說，執行長自己做得到的政策，有時就是好政策。

公司規模愈做愈大，勢必會出現變化。公司從原本十名員工拓展到一千名員工，不管企業文化多好、員工士氣多高、業績成長多麼穩定，公司絕對不會跟以前一樣。但員工人數增加到一千、一萬，甚至十萬人，並不代表沒辦法管理得好，只是方法不同罷了。大規模企業想要經營得當，必須接受不一樣的做法，勇於改變，才能防範於未然。本章探討必要的改變。

把權謀算計降到最低

在業界打滾這麼多年，我還沒碰過有人喜歡職場的勾心鬥角，深惡痛絕的倒是很多，甚至是當了公司大家長的人也不例外。既然沒人喜歡，大家又為什麼會勾心鬥角呢？

執行長通常是職場算計的始作俑者。各位可能會想：「我自己不喜歡耍心機，但公司很多人卻勾心鬥角，我痛恨都來不及了，怎麼會是源頭呢？」其實，你不需要懂得耍心機，就能夠造成公司裡大家各有各的算計。更慘的是，最不懂算計的執行長，公司的算計文化往往最嚴重。不懂算計的執行長，常常在不知不覺當中造成員工之間的勾心鬥角。

我所謂的「職場算計」，指的是員工靠手段晉升或達成目標，與本身實力及功績無關。在職場中耍心機或許還有其他目的，但這兩項是讓大家最頭痛的。

職場算計的原因

執行長之所以是算計文化的源頭，是因為他的舉動鼓勵、甚至是獎勵員工彼此算計，而且他自己常常渾然不知。拿主管薪酬來說明便能容易了解。身為執行長的你，三不五時會有主管找你加薪，他們可能說現在的薪水比市場行情低太多，甚至可能已經拿到別家公司的錄取通知，待遇比現在的更好。被這麼一請求，如果你覺得還算合理，可能會特別去了解情況，甚至給這名主管加薪。看似無傷大雅的舉動，其實已經埋下其他主管耍心機的種子。

進一步分析，這名主管的行為對公司沒有幫助，但你卻獎勵他。他獲得加薪的理由，並不是工作表現傑出，而是會吵的小孩有糖吃。這種做法萬萬不可鼓勵，理由如下：

1. 其他有企圖心的主管發現有求必應，開始吵著要加薪，消息遲早會傳開。但別忘了，這些都無關他們的實際表現，害得你現在必須花時間處理，無法專心在實際的企業營運。此外，如果大家的能力都好，你無法同時幫每個人在加薪週期外（out of cycle）再加薪，因而造成先搶先贏的現象。
2. 有些主管雖然比較被動，但能力可能更好，卻只是因為不懂得算計，而錯失不定期加薪的機會。
3. 大家從這件事學到的心得是，會吵的小孩有糖吃，最會算計的員工才有辦法加薪成功。相信我，很快就會有一堆要糖吃的小孩冒出來。

再舉一個比較棘手的例子。公司財務長向你表達想精進管理能力的意願，表示他的目標是當營運長，想知道應該培養哪些專長，才能坐上這個職位。為了展現正面積極的領導風範，你覺得應該鼓勵他追求夢想，所以跟他說，你覺得他假以時日會成為優異的財務長，不妨多做準備，培養更多的專業能力。你還建議他加強領導能力，其他主管才會甘願在他旗下工作。過了一個禮拜，另一名主管來找你，神情慌亂地說，財務長剛剛問她願不願意在他底下工作，說你在培養他當營運長，現在就差其他主管的認同。各位沒看錯，事情就是這麼扯。

如何降低職場算計

開明看待下屬要求、鼓勵職涯發展，不是身為執行長應有的管理心態嗎？現在卻說這是助長算計文化，必須壓制，未免太奇怪了。

管理高階主管不同於管理一般員工。以拳擊賽比喻，管理一般員工就像和未經訓練的素人打拳，管理高階主管卻像與專業拳擊手較量。和素人打架，你還能自由發揮，比方說抬起前腳往後退一步，不至於被打得滿地找牙。但同一個動作，如果對手是專業拳擊手，你肯定遭殃。拳擊手經過多年訓練，一旦察覺你出現小失誤，會立刻展開攻勢。抬起前腳往後一步，身體會稍微失去平衡，即使只有一瞬間，也讓拳擊手有機可乘。

同樣的道理，資淺員工找你詢問職涯發展的問題，你還能說一切順其自然，他們通常不會有異議。但對方如果是企圖心強、經驗豐富的主管，情況就不同了。與這些人交手，你一定要做好基本功，以免淪為職場權謀算計的受害者。

基本功

我擔任執行長時發現，要減少職場算計，有三個重要技巧可以採用。

網羅企圖心用對地方的人才

企圖心強烈的人未必喜歡算計，但有野心又善於權謀的人也不少。如果你找來的人雖然有企圖心，卻用錯地方，你的公司絕對會像政壇一樣，大家明槍暗箭。根據葛洛夫的定義，正確的企圖心是希望公司成功，自己也跟著成功；偏頗的企圖心是只在乎個人成功，不管公司利益。

找出可能引起算計的議題，建立嚴格的處置流程

容易導致權謀算計的事項如下：

□績效評量與薪酬。

□組織設計與權責劃分。

□升遷。

以下逐一探討，該如何建立一套處理流程，避免員工權謀算計，損害公司整體利益。

績效評量與薪酬。企業常常延緩制訂一套績效與薪酬的管理流程，但這不表示企業沒有進行員工績效評量或為員工加薪，只是想做才做，導致容易淪為權謀算計的地方。如果能建立完善的績效與薪資評量制度，加以定期執行，不論是員工加薪或提高認股權，都能盡量做到公平。這點對主管薪酬尤其重要，除了公平之外，還有助於降低職場算計。在上述例子中，公司如果有縝密的績效與薪酬策略，執行長就能回覆該主管，表示大家的薪酬都必須經過評估才行。主管的薪資評估過程最好請董事會參與，除了能做好公司治理，也增加了為某某人破例的難度。

組織設計與權責劃分。有事業心的員工，有時希望負責更多業務，例如上例中的財務長想當上營運長。另外可能的情況是，行銷部主管想同時掌管業務部與行銷部，工程部主管想另外負責產品管理部。遇到有人提出類似請求時，回答務必謹慎，因為你說的每句話都可能被曲解，造成不切實際的期待。通常最好什麼都不要說，頂多問一下原因，但對方說明理由時，不要跟著起舞。如果你透露出你的想法，對方不小心透露口風，於是消息變成謠言，大家開始議論紛紛，這一切都是你種下的種子。請定期評估公司的組織結構，蒐集決策前的必要資訊，但不要讓別人知道。一經決定，立刻執行，不要讓人有透露口風或反對的機會。

升遷。每次有員工晉升，和他同等級的同事在心中會有一把尺，盤算著對方晉升是因為績效還是要心機。如果是後者，其他人通常會有以下三種反應：

1. 生悶氣，覺得自己被低估。
2. 公開表達不滿，直接反對當事人的任命，在對方上任後扯他後腿。
3. 有樣學樣，也要心機得到晉升的機會。

這三種行為當然都不該縱容，因此應該設立正式的升遷流程，透明度高，有憑有據，可適用於每個員工。升遷流程通常依層級的不同而有不同，若是一般員工，可能需要幾位熟悉該員工業務的主管評估；若是主管階級，則評估工作需要請董事會參與。升遷流程的目的有兩個。首先，讓該部門對公司更有信心，知道公司起碼採取了論功升遷的制度。第二，有了升遷制度，你與經營團隊對於人事決定更有所依據，能夠明確說明。

避免人云亦云

公司成長到一個規模，經營團隊偶爾會彼此抱怨，甚至到了抨擊的程度。注意你傾聽的方式，以及給對方的印象。光是聽A抱怨B，而沒幫B說話，A會覺得你認同。如果全公司覺得你也認為有位主管的表現不佳，大家會開始以訛傳訛。演變到最後，該主管的話沒人聽，他變成形同虛設。

怨言分成兩種：

1. 抱怨某主管的行為。
2. 抱怨某主管的能力或績效。

一般來說，處理第一類怨言最好的方法是，請抱怨的主管與被抱怨的主管直接面對面，解釋清楚，通常就能化解衝突，導正不當行為，改善雙方關係。若缺少一方在場，問題先不要解決，以免造成某一方又開始算計。

第二類型的抱怨比較少見，情況也複雜得多。如果有主管有膽量批評同儕的能力，很可能不是他自己就是對方真的問題很大。碰到這類怨言，你通常會有以下兩種反應：他抱怨的事你已經心裡有數，不然就是你完全不知情，聽了很震驚。

如果你心裡已經有數，那表示你放任情況惡化到不可收拾的地步。無論你有什麼理由想拉這個阿斗主管一把，時間已經拖太久，公司上下開始對他有意見，你必須馬上解決這個問題。答案通常是開除該名主管，因為經點醒後能加強績效、改進表現的阿斗主管不是沒有，但能夠再贏得民心的人，我從來沒遇過。

另一方面，如果抱怨的內容你完全不知情，這時必須立刻打斷對方，明確表示你不贊同他的片面之詞。還沒重新評估該名主管時，你不能直接把他否決掉，以免產生比馬龍效應（Pygmalion Effect，**編註：自我應驗的預言，事情會依照你先入為主的看法而發展**）。打斷對話後，你必須立刻重新評估該名主管的表現。如果結果是對方表現出色，這時就得找出抱怨主管的動機，進一步把問題解決，切勿讓問題持續發酵。如果你發現B主管的表現確實不好，你事後還有機會再詢問A主管的看法，但這時應該已有開除B主管的打算。

身為執行長，你的言行舉止都會被員工各自表述，因此不能不謹言慎行。開明管理、想到就做固然是好事，但分寸沒抓好，可能導致反效果，加深了算計文化。

正確的企圖心

新創公司在延攬經營團隊時，大多把重點放在高智商人才，但問題是，智商高但企圖心擺錯地方，等於白搭。前文提及應該尋找企圖心正確的人才。我過去幾年一直提到這些觀念，各界的反應好壞參半，有人認為很有道理，也有人不認同。

從大局來看，一家企業能達到最巔峰的境界，是因為資深經理人凡事以公司利益為前提（用科技業來比喻，就是全局最佳化），而把個人利益放在其次（局部最佳化）。公司的員工獎勵方案規劃得再好，也不可能完美。況且，除了獎金制度或其他制式管理工具之外，升遷、掌管業務對員工也是誘因。公司的薪酬制度如果以股權為基礎，公司績效好，個人績效自然好；但公司績效不好，對個人也沒好處，正如我在Opsware時期的業務部主管柯蘭尼所說：「零的兩個百分點還是零。」

身為主管，尤其要有正確的企圖心，否則底下的員工會完全沒有鬥志，心想我為何要過勞來成就主管呢？如果主管只關心自己的前途，那我也要有樣學樣。公司要激勵優秀人才，莫過於有個重大使命，凌駕在員工個人野心之上。因此，企圖心正確的主管，比企圖心錯誤的主管要寶貴許多。錯誤的企圖心會帶來什麼風險，我強烈推薦蘇斯博士（Dr. Seuss）的童書《烏龜王阿圖》（*Yertle the Turtle*），說它是管理學傑作絕不為過（譯註：阿圖為了自己稱霸世界，叫大家一個疊一個，讓自己看起來高聳入雲，結果摔下來，丟了王國）。

正確的企圖心怎麼找？

是否具備正確的企圖心，就和其他複雜的人格特質一樣，沒辦法光從面試就能斷定。以下是我的個人心得，希望對各位有幫助。

每個人看世界都有自己的角度，有的人以「小我」為出發點，有的人以「大我」為出發點，在面試時會從小地方展現出來，建議各位稍微注意。

問應試者在前東家哪邊做得不好，自我本位的人可能會說：「我上一份工作是想試試電子商務領域，我覺得可以讓資歷更全面。」首先，一直用到「我」，把公司當成自己的，其他同事可能不會認同，甚至覺得過分。企圖心正確的人，不會只想到自己，抹煞了團隊合作的努力。最後，會說「補足我的資歷」這種話，明顯把個人目標放第一，團隊目標則是其次。這種話有團隊精神的人難以啟齒，但本位主義的人倒是說來臉不紅氣不喘。

反觀以團隊為出發點的人，被問到個人成就時，很少用到「我」這個字眼。即使是工作面試，他們也會把功勞歸給之前的團隊。他們最想知道的是，新公司如何在市場打下江山，個人薪酬或職涯規劃反而是次要考量。問他們前東家為何失敗，他們通常會覺得責無旁貸，細數自己哪裡誤判情勢，哪裡決策錯誤。

Opsware聘任全球業務部主管時，便採取這個策略，事後證實非常重要。既然是業務部主管，公司的整體目標尤其應該凌駕在個人野心之上，原因如下：

- 在地的銷售團隊都想搶業績，需要靠觀念正確的主管來協調平衡。
- 業務部是公司對外的門面，如果只求自身利益，對公司是一大絆腳石。
- 科技公司的作假帳行為通常從業務部開始，因為在地主管企圖美化業績。

我們在面試過程中遇到許多人選喜歡居功，公司拿下重大案子、達到重要目標、交出亮眼成績，都是他的功勞。但問他們做了哪些事才拿下案子的，他們往往講不出個所以然。事後資歷查核詢問其他參與案子的人，得到的卻是截然不同的答案。

面試柯蘭尼時，要他形容個人的成就反而很困難。問他某些問題他就一臉不悅，導致有些面試官覺得他態度愛理不理，甚至討人厭。有個面試官向我抱怨：「小霍，我知道他把耐吉的案子從一百萬增加到五百萬美元，這我已向耐吉的內部人士證實過。但他就是不肯討論其中的細節。」果不其然，我親自面試柯蘭尼時，他只想討論前東家的市場致勝關鍵，詳細說明他的團隊如何領先競爭對手，分析出產品弱點，也提到他與另一位主管合作，把產品做得更好。最後還說與執行長一起調整銷售人員的訓練與組織方式。

話題轉到Opsware，柯蘭尼事前已經調查過我們頭號對手的銷售人員，知道對方手邊有哪些案子。他對我則是砲火猛烈，頻頻問我要如何搶到對方的案子，又怎麼計劃爭取新的案子。他想知道其他團隊成員的優缺點，也想知道我們的致勝策略。面試一直到最後，我們才談到他的個人薪酬與職涯發展。他只要求薪酬是看績效而不看人際手腕。從面試中可明顯看出，柯蘭尼在乎的是團隊能不能成功。

在柯蘭尼的帶領下，公司銷售增加超過十倍，市值飆升二十倍。更重要的是，業務部的離職率非常低，客戶關係的管理公平而誠實，而法務部與財務部同仁也常說，柯蘭尼永遠以公司福祉為第一考量。

結語

一般員工凡事把個人利益擺中間，雖然可能還說得通，但如果資深主管凡事只想到自己，千萬別冀望他對公司大局有益。

職銜與升遷

與新創公司會面時，我常發現員工沒有職銜。大家都還在忙著幫公司打好基礎，沒有職銜很正常。工作角色不必明確界定，也無法界定，因為每個人什麼事都得做。這樣的環境看不到權謀算計，大家不會想著爭權奪位，氣氛相當融洽。那為何公司最終還是編列出職銜？又要如何管理才好呢？（祖克柏在這方面給了我不少靈感，在此感謝他。）

職銜為什麼重要？

所有企業最終會設立職銜，主要有兩個原因：

1. **員工希望有職銜**。身為執行長的你，或許為公司鞠躬盡瘁死而後已，但多少會有員工終究想轉換跑道。打個比方，如果你的業務部主管準備離職，去面試下個工作時，總不可能自我介紹是銷售哥、銷售姐的，好歹他也是掌管全球幾百人的主管啊！

2.每個人終究要知道彼此的職責。隨著企業規模成長，不可能大家都互相認識，尤其大家不可能知道每個人的職責是什麼，又該找誰共事才能把工作完成，但看一下職銜就能立刻知道對方的角色。此外，有了職銜，客戶和生意夥伴也更能摸索出適合與你們合作的模式。

除了上述的基本理由之外，員工還會透過職銜與其他同事互相比較，評估個人價值和薪資是否合理。如果「初級工程師」覺得自己寫軟體的功力遠高於「資深架構師」，他從職銜就會得出自己待遇過低、能力被低估的結論。由於職銜是評估員工相對價值的工具，因此請務必謹慎管理。

風險：「彼得原理」與爛咖法則

職銜的道理看似簡單，為什麼企業最後都在這方面栽跟斗呢？各位如果到公司上過班，可能遇過職銜言過其實的主管，難免心想：「真搞不懂他是怎麼當上副總的？要是我當家，我連小攤子都不會讓他管。」

職銜制度的第一個風險是彼得原理（Peter Principle）。這個名詞始於勞倫斯．彼得（Dr.

Laurence J. Peter）與雷蒙·霍爾（Raymond Hull）的共同著作，書名即為《彼得原理》。其理論指出：在公司的階級制度裡，一個人只要做出成績就能晉升，一路攀升到無法再勝任的職位，無法進一步升遷。葛洛夫在其管理學名著《葛洛夫給經理人的第一課》提到，彼得原理無法避免，因為主管經拔擢到哪一個職位會開始不適任，無法事前預知。

另一個風險是我所謂的「爛咖法則」（Law of Crappy People），意思是：大企業不管是哪一個職等，能力最差的人，最後會成為該職等的能力指標。

之所以如此，是因為職銜較低的員工會以上一個職等的爛咖當作標準。舉例來說，如果小賈是公司裡表現最爛的副總，所有經理都會向他看齊，等到能力跟他一樣「爛」，就會要求晉升。

和彼得原理一樣，爛咖法則無法避免，只能盡量降低衝擊，對公司的管理品質才有幫助。

升遷流程

要減輕彼得原理和爛咖法則的衝擊，最好的方法是建立一個架構完整且嚴謹的升遷流程。理想的升遷流程應該像空手道道場一樣。在一流道場中，要進階到下一個色帶等級（如棕帶晉升到黑帶），必須擊敗該等級的對手，這樣能確保黑帶新秀絕對不會比最遜的黑帶老將差。

只可惜，商場不能像道場比武較量，我們又該如何維持各個職等的品質呢？

第一步，先明確界定每個職等的職責所在，連所需的專業技能也必須明訂。明訂專業技能時，請避免「必須善於管理財務」或「必須具備優異的管理能力」等一般的籠統分類。做得好的職等分類，細節訂得相當明確，甚至還點名值得仿效的對象。

第二步，為所有職等的晉升界定一套正式流程，其中一個關鍵要求是，晉升與否必須由每個單位共同核定。如果讓單一主管或單一指揮鏈決定，可能會出現人資部有五名副總、工程部只有一名副總的情況。升遷流程要做到各部門同調，可以定期開會評估公司內部每一個重要晉升案。主管如果想拔擢某位員工，必須提出晉升申請，說明他為何認為該員工符合該職等的技能要求。接著由晉升委員會評估，看他是否具備該職等的專業技能，並拿他來與該職等的其他同仁比較，決定是否該核准這項晉升案。這個流程除了能確保晉升公平與職等品質之外，也能讓管理團隊看到該員工的專業技能與成就。

安德森vs.祖克柏：職銜大小有學問

公司的最高職銜應該是副總裁，還是要設有行銷長、營收長、人資長，甚至是零食長？職銜大小分為兩個派別，一派是安德森，一派是祖克柏。

安德森認為，員工都希望從公司拿到好處，像是薪水、獎金、認股權、權責幅度、職銜等等，其中就屬職銜最便宜，因此給員工的職銜可以愈高愈好。公司由上而下應該是總裁、某某長、資深執行副總。既然職銜讓大家感覺良好，又不花錢，何樂而不為呢？安德森的方法還有一個好處，與其他企業搶人才時，起碼在職銜這項就能贏過別人。

臉書就不同了，祖克柏故意把職銜訂得比業界水準更低。別家公司的資深副總職銜，到了臉書被降級，成了主任或主管。他的用意何在？首先，他要每個新人一進到臉書，職銜等級重新來過，這樣就不怕發生錯誤，造成新人的職銜與職位比既有的優秀員工還高，不僅能提振士氣，也增加公平性。第二，所有主管都得認識、內化這套臉書專有的職等體系，使得升遷與薪酬流程更加透明。

祖克柏也還希望職銜有實質意義，不流於空泛，亦能反映一個人在公司內部的影響力。隨著公司迅速增長，組織架構的透明度更顯重要。試想，公司如果設有五十個副總、十個某某長，組織架構怎麼透明得起來。

他還發現業務人員講究職銜，職稱常常比工程師浮誇。他承認對外頂著亮麗的職銜，拿到與人會面的機會確實比較高，但他還是希望業務人員與工程師平起平坐，同屬臉書文化的核心分子，所以堅持有自己的組織架構。

在職銜比業界標準低的情況下，臉書是否會錯失人才？這是絕對的。但換個角度想，臉書也可能因此避開不想要的員工。事實上，臉書的招聘流程與就職訓練流程都經過精心設計，適合者會選擇留下，不適合者自動退出。

究竟是安德森的方法好，還是祖克柏的方法優？答案見仁見智。臉書的招聘制度有很多優點，即使職銜界定嚴明，但吸引頂尖人才的魅力不減。

你的公司可能沒有臉書的優點，若有套響亮的職銜，不失為是吸引人才的好策略。不管選擇哪一種職銜體系，內部還是要有嚴謹的職等架構與升遷流程。

結語

你可能會覺得，花這麼多心思在晉升與職銜上，實在小題大作，而且流於形式。但其實恰恰相反。公司如果沒有一套完善嚴謹的職銜與升遷制度，員工只會每天抱怨不公平；但如果制度訂得好，就能省掉大家在乎職銜高低的時間，專心爭取拿到「本月最佳員工」的頭銜。

聰明員工反成老鼠屎，怎麼辦？

科技業的工作既困難又複雜，加上競爭對手充斥著絕頂聰明的狠角色，所以員工一定要夠聰明，但並不是唯一條件。要成為一個有用的員工，也要認真勤勞、做事可靠、有團隊精神。

這點是我擔任執行長時的慘痛心得。我覺得我有責任打造一個良好的工作環境，讓不同出身、不同個性、不同工作風格的人發光發熱。執行長的工作本該如此。員工的出身背景多元，工作風格各異，如果能在公司裡找到舞台，做出成績，那麼這家公司在招聘與留任上會比一般企業更具優勢。話雖如此，兼容並蓄也可能做得太極端。我就犯了這樣的錯誤。

絕頂聰明的員工也可能是最差勁的員工，可分以下三種類型：

類型1：反骨派

天底下沒有完美的大企業，策略、專案、流程、晉升等事項這麼多，難免會有一些環節不靈光，因此需要許多聰明積極的員工找缺點，協助公司改進。

但偶爾會有員工聰明反被聰明誤，不找出問題解決，幫公司更上一層樓，反而自有考量，到處找碴，尤其愛四處宣傳，說公司沒救了，當家的都是一群笨蛋。這類型的員工愈聰明，行為就愈有破壞力。道理很簡單，因為他如果不是聰明絕頂的一號人物，大家只會把他的話當耳邊風，不至於讓他有破壞力。

聰明員工為何想破壞自己工作的公司呢？原因其實有很多，以下列出三個。

1. **他手中無實權。**他覺得無法接近核心圈，只能靠怨東怨西才能讓其他人知道真相。

2. **他天生愛唱反調，非得叛逆一下才高興。**這可能已牽涉到人格特質，有時這種個性當執行長反而更好。

3. **他思想幼稚不成熟。**管理階層不可能掌握公司營運的每個小細節，但這種人沒想過這點，因此發現哪裡出問題就見獵心喜。

碰到這三種人，通常情況很難再有轉圜。他們一旦公開表態，就不容易拉下面子認錯，只好一直刁難下去。已經到處跟好朋友說執行長是全天下最笨的蠢豬，這時要是自打嘴巴，下次再抱怨，恐怕就沒人肯相信他的話。大多數人寧可繼續放砲，也不願自己名譽掃地。

類型2：怪咖

有些員工才華無法擋，卻做事完全不可靠。我們在Opsware時期曾找過一個公認的天才工程師，就是一例。羅傑（化名）負責的產品領域很複雜，普通新人要三個月後才能生產力全開，但他兩天就進入狀況。上班第三天，我們交付他一項專案，預定一個月結案，沒想到他三天搞定，品質幾乎無瑕疵。值得一提的是，他這三天是整整七十二小時工作，沒睡沒休息，無時無刻沒在編碼。加入公司三個月後，他的績效超過其他人，立刻受到我們拔擢。

萬萬沒想到，羅傑這時突然變了一個人，連續幾天沒來上班，也不事先打電話請假，之後更是幾個禮拜不見人影。好不容易到了公司，他雖然道歉再道歉，蹺班行為還是沒有改善。此外，他的產品水準下滑，工作品質粗糙，整個人心不在焉。明明是天才級員工，卻淪落到這種下場，我怎麼想也想不透。他的直屬主管想開除他，表示他已經不值得工作團隊的信賴，但被我拒絕了。我知道羅傑還是當初那個才華洋溢的新人，希望能給他一點時間改進，只可惜情況依舊沒有改善。我們後來發現，羅傑除了是躁鬱症患者之外，還有兩個嚴重的用藥問題。一來，他不喜歡吃藥治療躁鬱症，另外還有吸食古柯鹼的毒癮。我們最後請他走人，即使到現在，我一想到他對公司可能造成的影響，就不免皺眉頭。

怪咖員工不見得要有躁鬱症，但員工之所以出現怪咖行徑，背後的問題通常很嚴重，可能是個性自暴自棄，可能是毒癮問題，也可能是偷偷兼差。公司講究團隊合作，一個員工如果做事態度不可靠，就算他潛質再好，對公司也沒有效益。

類型3：王八蛋

這類型的老鼠屎員工出沒在公司各個層級，但如果是高階主管，殺傷力最大。高階主管難免有被員工恨得牙癢癢的時候，講話直腸子到討人厭的地步，有時確實能幫助溝通，或是讓大家更能記取教訓。但我指的不是這種行為。

時時抱著惡劣態度與人相處，有時反而沒辦法做事。公司愈做愈大，溝通絕對是最大的考驗。要凝聚大家共識，執行同一個目標，從來就不容易，如果有個主管恰好是口無遮攔的王八蛋，要讓大家同舟共濟更是不可能的任務。有的人溝通起來充滿火藥味，只要有他在，其他人會選擇不出聲。假設這個人是行銷部副總，每次聽到有人提出行銷部的問題，他會立刻把砲火集中在對方身上，這樣以後誰還敢發問相關問題。王八蛋主管有時做得太過火，導致大家一看他在現場，乾脆就不提問題。影響所及，管理階層之間完全無法溝通，公司愈來愈退步。但值得注意的是，會發生這種情況，前提是這個主管的工作表現很優異，否則他再怎麼抨擊別人，大家也懶得理他，正所謂小狗咬人沒感覺，大狗咬人才會痛。如果你的經營團隊有這種大狗，導致大家無法溝通，就得好好管教一番。

差別待遇可以嗎？

歐文斯（Terrell Owens）是美式足球球壇裡的天才球員，卻也是有名的火爆浪子。曾有人問明星教練麥登（John Madden）會不會容忍隊上有這種球員。麥登回說：「不行。如果幫每個球員攔住巴士，結果球賽遲到，那有什麼用？巴士一定要準時上路。但也有例外的時候，如果是不可多得的好球員，你只好幫他攔住巴士，就怕少了一名大將，減弱了戰力，但其他人不能有同樣的待遇。」

創下美國職籃奪冠次數紀錄的總教頭傑克森（Phil Jackson）曾被問到，對旗下重砲「小蟲」羅德曼（Dennis Rodman）的脫序行為有何看法。「羅德曼可以不來練球，那麥克．強森（Michael Jordan）、皮朋（Scottie Pippen）等其他大將，也能缺席嗎？」傑克森回說：「當然不行。我們隊上只能有一個羅德曼。別說球壇了，這個社會也只能有幾個羅德曼而已，不然就會天下大亂。」

你可能有員工屬於上述某個類型，卻又是公司的一大資產。你可能會決定親自為他背書，把負面影響降低，讓他不會污染了公司的企業文化。要這麼做沒關係，但請記住，你只能為他一人開例。

業界老將

公司成立後經營順利，規模愈做愈大，董事會這時拋出一句讓你汗毛直立的話：「你應該找業界老鳥來助陣，有身經百戰的資深主管幫忙，公司可以更上一層樓。」真的嗎？現在就有必要嗎？又該怎麼做呢？真的找到人之後，我要怎麼管他們呢？他們做得好不好，我知道嗎？

你不妨先問自己：「我究竟為什麼需要資深人士？他們西裝筆挺，做事講究手腕，難道不會破壞我們的企業文化？再說，他們應該不會全力衝刺事業，而是希望多花時間在家庭生活吧？」答案可能都是肯定的，所以更得謹慎處理。在適當時間引進資深主管，而他又有適合的經驗，有可能讓公司從破產邊緣救回來，再創佳績。

先討論第一個問題。為什麼要網羅業界老將？簡單回答的話是：爭取時間。科技公司打從一成立，時時刻刻都在與時間賽跑。科技新創企業的保鮮期都不長，點子再好，擱久了也會臭酸。祖克柏如果上個禮拜才成立臉書，臉書還會有前途嗎？網景成立才十五個月就掛牌上市，要是我們晚半年才行動就太遲了，市場到時已經有三十七家瀏覽器公司。即使沒有人搶得過你，如果沒辦法在五、六年內完成創業願景，就算願景多大，大多數員工也會對公司失去信心。網羅有實戰經驗的老手，可以大幅縮短你的摸索期，幫公司更快打響名號。

但各位執行長，請注意：新公司請來老手，好比運動選手服用增強體能的藥物，順利的話，表現能夠攀上巔峰；不順利的話，公司對外還沒做出成績，內部就先冒出問題。

如果你正在考慮找資深人士，不要為自己找個空泛的理由，說這樣「家裡有大人」，或這樣「才能成為真正的公司」。理由不夠充分，自然沒有好結果。網羅資深老將的理由應該是，希望借重他在特定領域的專長與經驗。

如果你是科技出身的創業人，對其他領域可能不會太熟，例如建立全球銷售通路、打造超強品牌，以及簽下讓供應鏈重新洗牌的案子等等，這時若有厲害的業界老將從旁指導，可以大幅加快學習步伐，成功立足在這幾個領域。

該找空降部隊還是內部提拔，不妨先想清楚你重視的是內部資訊，還是外部資訊。拿工程部為例，公司通常比較看重主管對程式庫、工程團隊是否有通盤了解，至於主管有沒有擴大部門規模的專業知識，反而是其次。因此沒有必要捨近求遠，內部就有人才。

但如果想把產品賣給大企業，情況剛好相反。為了把銷售規模做大，主管必須知道目標客戶的想法與做法，熟悉客戶的企業文化，懂得在全球市場因地制宜，找到適合的員工，有一套適合的評量方法。這些資訊與銷售息息相關，遠比知道產品規格與內部文化更重要。正因為如此，工程部主管如果從內部提拔，通常能夠做得有聲有色；但業務部主管如果從內部提拔，結果一定不理想。不妨自問：「這個職位需要的是內部資訊還是外部資訊？」此舉能判斷出是否該對外找老將，還是對內提拔新秀。

老將駕到

延攬業界老將的風險多多，原因不妨複習第五章的〈大企業主管為何和小公司八字不合〉與〈聘用高階主管：自己沒做過，你怎麼找到最佳人選？〉兩節。

管理也是一個大難題。業界老將一來，對公司會有幾個重大考驗。

■ **他們的積習難改**。他們會把老東家的習慣、溝通風格、價值觀一併帶進來，很可能和新公司格格不入。

■ **他們熟知生存之道**。老將出身大企業，通常已在那樣的環境練就一身本領，熟門熟路。同一套本領搬到你的公司，可能讓人覺得在耍手段，與新公司不搭軋。

■ **你不懂他們的專業**。請來業界老將助陣，正是因為他們有你不會的專長，既然如此，要如何確保他們交出漂亮的成績單？

為了避免老將使得公司不進反退，造成問題擴散，務必要知道上述三種現象，並布局適當的防制措施。

首先，要求他們以你的企業文化為重。每家公司的企業文化各有不同，有些環節確實會比你的更好，但老將現在在你的公司工作，就得尊重你們的企業文化與作風。在這點上，別被他們的豐富經驗給嚇倒，要堅持立場，要求對方融入你們的企業文化。如果你想把對方的新思維融合在公司裡，當然無妨，但務必公開為之，不要三心二意。接下來，注意他們是否會耍權謀，不能縱容。

最重要的一點是，建立清楚明白的績效標準。要打造一流企業，非得要有一流的管理團隊，管他是老是少都一樣。不能只求老將做得比你好即可，拿你自己當基準並不恰當。你找他們來，正是因為那個領域不是你的專長。

別因為你自己不懂成果好壞，就把標準降低。比方說，很多年輕的執行長剛創業，看到市場對公司有不少正面報導，就覺得公司的行銷和公關能力很強。這樣的標準實在不高。新創企業像是可愛的初生寶寶，誰都能找記者幫公司寫好話。但有的企業像是滿臉青春痘、渾身不對勁的青少年，只有一流的公關才能把它妝點成帥哥美女。一流的公關能夠扭轉負面新聞，化狗熊為英雄，背後需要長期互信的關係與專業知識，更要懂得如何運用兩者。這三點，菜鳥公關都做不到。

要建立高標準，建議可以找該領域的高手談談，參考他們的標準為何。訂出有難度卻可行的高標準後，要求新主管做到，即便是你自己也不知道該怎麼做。你身為執行長的職責，不是摸索出如何打造傑出的品牌、如何拿下改變業界生態的案子，以及如何達到看似不可能的營收目標；這是你花錢聘請這些主管的原因，請讓他們能發揮長才。

最後，新主管不能只懂得達到目標而已，還要八面玲瓏，有團隊精神。不妨參考坎貝爾研究出的一套主管評量法，他的方法既有用、又能考量到各個層面，把主管績效細分成四個領域：

1. **實際表現與目標的差距**。有了高標準後，要衡量主管的表現就不難。
2. **管理**。即使主管成功達成目標，未必表示他能打造出一支堅強而忠心的團隊。他的管理能力也應該是觀察重點。

3. **創新**。就算主管達到單季目標，也有可能因小失大，沒考量未來發展。舉例來說，工程部主管要達成產品功能與日期的目標，大可隨便建立一個不入流的軟體架構，但這樣可能連下一個版本也支援不了。因此，光看業績數字並不夠，你還要深入了解研發過程。

4. **與同仁共事**。一般人可能認為，高階主管管好本身業務即可，但主管之間必須懂得互相溝通與支援配合，這也是你應該評量的一點。

出賣靈魂

第一次找空降部隊擔任主管職，你可能會覺得出賣了自己的靈魂，而且一個不小心，也可能出賣了整間公司的靈魂。但公司如果想要更上一層樓，一定要勇於冒險，爭取時間。因此必須借重有專業、有經驗的頂尖人才，哪怕他的年紀比其他員工還大。

一對一會談

我之前在網路上發表過我對一對一會談的看法，引起大家熱烈討論。有半數的人不認同，認為一對一會談根本沒用，不值得我推崇。另外一半的人想知道怎麼會談比較好。意見有好有壞，其實要看主事者的會談功力。

執行長的職責繁多，設計並落實公司內部的溝通架構，可說是最重要的一項。這個體系可能包括組織設計、會議、流程、電子郵件、申訴管道，甚至是與主管和員工的一對一會談。少了設計得當的溝通體系，資訊和構想變得無法交流，工作氣氛愈來愈惡化。沒有一對一會談的制度，溝通體系雖然也可能很好，但一般而言，一對一會談可以有效讓資訊與構想由下往上傳遞，建議納入你的溝通體系裡。

駁斥一對一會談的人，通常是自己曾經深受其害。一對一會談要做得好，要有「主角是員工、不是主管」的認知。員工無論是有迫切的問題、傑出的點子，還是長期難解的悶氣，都能在會談中暢所欲言，因為討論的細節不會出現在工作進度報告、電子郵件等正式管道。

如果你是員工，剛好有一個尚未成熟、但看似有希望的構想，你怕是自己想太多，也怕在大家面前提出來會被笑，這時要怎麼讓主管知道你的想法呢？如果你是員工，工作常常被一個難搞的同事拖累，你要怎麼跟主管說，才不會讓同事在人前抬不起頭呢？如果你是員工，對工作充滿幹勁的同時，個人生活卻問題一大堆，該怎麼尋求協助呢？是寫進度報告或電子郵件？還是透過 **Yammer** 或 **Asana** 這類企業社交網站呢？當然不可能！一對一會談這時就顯得重要了。

如果你希望會談有個架構，那麼就請該員工設定議題。不妨請對方事先把討論事項寄給你，這樣一來如果沒有要緊問題，他可以取消會談；二來也能表明他是會談的主角，要討論多久完全由他決定。既然重點是員工，會談時主管應該一成時間講話，九成時間都在傾聽。這點跟大多數人知道的一對一會談剛好相反。

主管雖然由員工設定討論事項，也讓對方暢所欲言，但必須設法從互動中整理出重點，尤其是遇到個性內向的員工。如果你的下屬都是工程師，引導的功力更顯重要，值得多加琢磨。

根據我個人經驗，問下列幾個問題很有效果：

■ 你覺得公司或部門可以怎麼改進？
■ 公司或部門最大的問題是什麼？為什麼？
■ 工作上有何不開心的地方？

■ 你覺得公司裡誰很有本事？誰是你崇拜的對象？
■ 如果你是我，你會做哪些變動？
■ 你覺得這個產品哪裡不好？
■ 你覺得公司錯失了市場哪個大商機？
■ 有什麼事情是公司該做卻沒做的？
■ 你來上班快樂嗎？

重點是，透過一對一會談，員工不管是有絕佳的構想、迫切的問題，還是有棘手的個人困難，都能因為向上級提出，而有解決的機會。一對一會談是行之有年的溝通方式，效果有目共睹。但如果你有其他更好的方法，不採用也無妨。

訂做企業文化

問十位公司創辦人什麼是企業文化，包準答案就有十個。有人說是辦公室的空間設計，有人說是篩選掉不適合的員工，有人說是價值觀，有人說是營造快樂的工作氣氛，有人說是凝聚共識，有人說是找到志同道合的員工，也有人說像是宗教狂熱。

到底什麼是企業文化？它重不重要？又該花多少時間經營？

我們先看第二個問題。科技新創企業的首要之務是研發新產品，要比市場現有產品好上至少十倍。好個兩、三倍還不夠，這樣市場不會立刻改用你的產品，數量也不會多。科技新創企業的第二要務是搶占市場。如果你的公司做得出比市場好十倍的產品，表示別人也有可能，所以要搶先推出產品，否則被對手捷足先登，到時要做出比他們好十倍的產品更是難上加難。

如果你的產品沒比別人好上十倍，又沒搶先進入市場，企業文化一點用途都沒有。企業文化一流但最後倒閉收場的公司，滿街都是。

既然企業文化不能當飯吃，又要它做什麼？原因有三個：

1. 有好的企業文化，要達成上述兩個目標更容易。
2. 隨著公司逐漸成長，企業文化能幫你維護核心價值、營造良好的工作環境，以及提升日後的營運表現。
3. 你和大家拚死拚活，好不容易交出漂亮的成績單，結果企業文化卻很糟糕，大家都不想再待下去，豈不成了天下第一大笑話。經營企業文化最重要的理由，莫過於此。

打造企業文化

我所謂的企業文化，不是指公司價值觀、員工滿意程度等等層面，這些雖然也很重要，但我指的是能達到下列幾點的一種工作方式。

■ 讓你有別於競爭對手。
■ 堅守重要的企業價值，如**客戶至上**、**研發優質產品**等等。
■ 幫你找到認同企業使命的員工。

企業文化依不同情境而有不同詮釋，但以上三點特別值得討論。開始落實企業文化時，要先認清一點，所謂的企業文化並非一次規劃到位，而是建立在你與員工從公司草創以來的所作所為，逐步勾勒成形。因此，你應該找出有哪些少數環節牽一髮而動全身，對公司行事作風有長遠影響，然後先把心思聚焦在那些環節。

柯林斯（Jim Collins）在其暢銷著作《基業長青》（*Built to Last*）寫道，他鑽研過許多歷久不衰的企業，發覺他們都有一個共通點，就是「宗教狂熱般的企業文化」。但我覺得這樣的說法容易造成混淆，讓人以為只要企業文化夠怪，員工夠瘋，就是好的企業文化。

其實不然。柯林斯有一點說的對，企業文化如果規劃得當，事後確實會有宗教狂熱的氛圍，但不能將之視為設計初衷。要讓外界覺得你的公司怪怪的，不難；但要怎麼大刀闊斧，改變員工的日常作風，卻值得你好好思考。

規劃企業文化時，理想的施力點應是看似微不足道、但對員工行為有深遠影響的地方，關鍵是要給大家一場震撼教育。提出一個極為誇張的原則，除了保證員工會議論紛紛，而且也能改變他們的做事方法。電影〈教父〉不就是這麼演嗎？幫人向好萊塢大老闆討個主角的角色，結果被拒絕，於是把血淋淋的馬頭放在他床上，看他還給不給！要改變大家的行為，來場震撼教育準沒錯，請看以下三個例子。

門板當辦公桌。亞馬遜網站執行長貝佐斯在草創公司時，期許公司對顧客有加分作用，而不是一味只向顧客的荷包看齊。為此，他把眼光放遠，希望在價格與客戶服務上都能贏過同業。要做到這兩點，公司勢必花錢要花在刀口上。貝佐斯當然可以審核每一筆經費，把超支的人罵到臭頭，但他不來這套，決定建立一個鼓吹節儉的企業文化。他的做法很簡單，從家居產品賣場家得寶（Home Depot）採購便宜門板，釘上四支腳，當成辦公桌，全公司都是如此。這些辦公桌不符合人體工學，相較於公司千億美元以上的市值，也顯得寒酸，但給新員工的震撼效果十足。新人要是問桌子為什麼要如此克難，得到的答案始終如一：「公司能省錢的地方就省，才能提供品質最好、價格最便宜的產品。」不喜歡用門板辦公桌的人，在亞馬遜肯定待不久。

每分鐘罰十美元。我和安德森成立安德森霍羅維茲創投公司（Andreessen Horowitz；下稱安霍）之初，希望員工給予創業人百分之百的敬意。創業是一條自尊心常常受到打擊的道路，我們兩人記憶猶新，所以跟員工說，我們和新創公司的關係好比早餐裡的雞蛋與培根，我們是雞，負責出力氣；他們是豬，把命都拚了。如何對創業人表示尊重呢？我們覺得其中一個做法是開會準時到達。許多創投業者約了新創公司開會，常常其他重要事情一忙起來，就先讓對方在大廳空等。但我們不希望這樣，而是要求員工開會準時，事前做好準備，開會時心無旁騖。但有工作經驗的人都知道，準時這種事知易行難。為了建立大家的好習慣，我們強制規定與創業人開會每遲到一分鐘，就得罰十美元。比方說，你正在講一通很重要的電話，要晚十分鐘開會，怎麼辦？沒關係啊，記得交出一百美元罰款即可。剛進公司的員工如果被罰錢制度嚇到，我們剛好可以趁機說明尊重創業人的重要。如果你覺得創業人沒創投業者重要，很抱歉，我們安霍創投不歡迎你。

手腳加快，打破陳規。臉書創辦人祖克柏講究創新，認為不願承擔巨大風險，就無法成就偉大創新，因此草創時期訂下語不驚人死不休的座右銘：「快快快，搞破壞」。也就是說，他竟然以執行長的身分，要求員工盡量搞破壞！這句座右銘逼得每個人不得不停下來思考，原來，要加快腳步創新研發，勢必會破壞現狀。如果你問自己：「這個新技術突破業界傳統，很讚，但短期可能會有負面衝擊，我應該嘗試嗎？」其實你已經回答問題了。要創新卻不想犯錯，你就不適合在臉書工作。

震撼教育的做法務必吻合公司的價值觀。以行動支付公司Square為例，設計美觀遠比節儉重要，一踏進他們的辦公室，就能看出他們對設計的要求，所以執行長多西絕對不可能用廉價門板當辦公桌。

帶狗上班、鼓勵做瑜伽，不能算是企業文化

新創企業為了與眾不同，什麼事都做得出，有的好，有的妙，有的怪，但大多稱不上是企業文化。在公司裡推廣瑜珈，確實對喜歡瑜珈的員工是一大福音，工作心情更舒暢，也能凝聚團隊士氣。但這不算企業文化，無法成為公司的核心價值，帶動業務成長，兼做公司的活招牌，也無法明確指出公司的營運目標。瑜伽只能算是福利。

看到有人帶狗上班，請別太大驚小怪，這可能表示公司歡迎愛動物的員工，或是鼓勵員工追求想要的生活方式。這麼做或許多了點人味，卻無法表達公司的獨特之處。好公司懂得把員工捧在手心上，給福利是很好，但福利不是企業文化。

結語

在第七章〈如何評估執行長能力〉一節中，我將談到執行長的責任在於訂出營運目標，然後帶動大家落實。企業文化規劃得好，有助於公司在重要領域達到設定目標，長治久安。

揭開擴大營運的神祕面紗

新創企業想成為市場大咖，總會有需要擴大營運規模的一天。科技創業人喜歡聊谷歌與臉書的創業故事，說他們當初只靠一、兩個人的力量，就能開拓出現在的市場霸業，實在太厲害。但別忘了，今天的谷歌有兩萬名員工，臉書也有一千五百多名員工。所以，想要做大事，不能不學習擴編的藝術。

遇到公司要拓展營運的時候，董事會常給執行長兩個建議：

1. 找個導師。
2. 找有實戰經驗的資深主管幫忙。

這些建議雖然好，卻也有嚴重的不足之處。第一，如果你完全不懂如何擴大營運規模，又如何評估別人有沒有能力呢？這就好比要你網羅萬中選一的工程師，但你自己卻連一個程式都沒寫過。第二，如何擴大營運規模，許多投資型董事也不懂，因此常被經驗有餘、專業不足的人選唬得一愣一愣的。各位如果曾在大企業服務過，就知道會管理的人很多，但有能力管理好的人卻少之又少。

董事會的建議還是值得採用，但若要選對導師和主管幫助你擴大公司規模，你自己得先學好基本功，研究商管書介紹的眾多技巧，日後才有辦法酌情運用。

基本概念：以退為進

企業規模愈來愈大，原本輕而易舉的小事，也開始讓人傷腦筋，尤其是下面這幾項：

- 溝通。
- 共通知識（common knowledge），亦即每個員工都知道的事項。
- 決策。

假設有一家一人公司，程式碼的撰寫與測試、產品的行銷銷售、營運事項的管理，都由他自己包辦。他對公司的大小事全盤掌握，制訂所有決策，不必和任何人溝通，目標也很明確。但隨著公司規模成長，這些環節只會愈來愈難應付。

可是如果不擴張，公司永遠難成氣候，所以真正的考驗在於，如何在成長之際，把負面影響降到最低。

拿美式足球來比喻很適合。攻擊線鋒的工作是保護四分衛，避免遭對手的防守線鋒所阻擋。攻擊線鋒如果不動如山，反而讓對手的防守線鋒有機會輕鬆繞過，突擊四分衛，因此攻擊線鋒都懂得以退為進的學問，後退幾步，讓防守方能夠前進，但一次只能前進一點點。

擴大公司規模時，你也要懂得以退為進。專業分工、組織架構、運作流程等等大小事項，都讓工作更加複雜，執行起來更讓人覺得多此一舉，也犧牲溝通品質。這就好像攻擊線鋒往後退一步，卻能避免公司陷入混亂。

如何執行？

公司開始增加人馬的時候，會覺得新人沒有分憂解勞，反而自己工作多一大堆，再用美式足球來比喻，這就是防守線鋒已經跑到你面前了，你應該適時退後幾步。

專業分工

擴編的第一個技巧是專業分工。新創企業的每個人一開始都是萬事通，以工程師來說，舉凡程式碼撰寫、編譯系統管理、產品測試、產品的建置與執行，他們都要懂。公司創立初期適合這麼做，因為每個人知道每件事，不太需要溝通，也因為人數少，沒有事情需要交辦。但隨著公司的成長，新的工程師愈來愈難找，因為要學習的東西變得太多太難。要幫新人進入狀況反而比自己動手更困難。這時，你需要開始專業分工。

分派不同的團隊負責編譯系統、測試、營運等工作，會開始出現一些現象，包括互相交辦事項、考量重點不同、某些事項要問某些人才懂，這樣確實會讓公司經營更麻煩。為了把這些問題降到最少，有必要參考組織設計與流程等其他技巧。

組織設計

組織設計的第一課是：天底下沒有好的組織設計。經過設計的組織架構，雖然讓公司某些單位的溝通無礙，卻也犧牲了其他單位的溝通。比方說，如果你把產品管理規劃在工程部裡，產品管理人員與工程師的溝通大加分，對產品管理人員與行銷人員的溝通卻是扣分。因此，成立新部門一定會有員工找碴，而且說得也有道理。

但一根腸子通到底的組織架構總有不靈光的一天，這時就得細分單位。建議各位最起碼要在每個專業團隊裡設置主管，比方說，品保團隊有品保主管。接下來的規劃會比較複雜。是該讓用戶端工程和伺服器端工程分成兩個團隊，還是以使用案例（use cases）來歸類，納入所有技術環節？公司規模變得龐大，你必須想清楚該怎麼組織架構。一種是以職能區分，如業務、行銷、產品管理、工程等等；另一種則是以工作任務區分，多種職能隸屬在同一個單位內。

你的目標是多害相權取其輕。不妨將組織設計視為公司的溝通架構，讓某群員工隸屬於同一位主管，向他報告，是最能促進雙方溝通的方式。反觀在組織圖裡距離愈遠的員工，彼此溝通的機會愈少。組織設計也是公司對外溝通的架構，比方說，如果把業務人員以產品線區分，除了能有效促進各產品團隊的內部溝通，業務人員也能對負責的產品有最深的了解。但這麼做卻讓客戶服務的便利性打折扣，因為有些客戶買了多款產品，反而得跟不同的業務人員交涉。

有了這個基本概念後，再來介紹以下的實踐步驟。

1. 找出有哪些資訊需要溝通。先列出最重要的資訊為何，又有哪些人最需要知道。比方說，產品架構的資訊很重要，工程師、品保人員、產品管理人員、行銷人員、業務人員都要有。

2. **找出有哪些事項需要決策**。想想公司固定會有哪些類型的決策，例如特徵選取（feature selection）、軟體架構、支援問題等等。自問，組織架構該如何規劃，才能讓某類型的決策盡可能由某主管負責？

3. **將重要的溝通與決策路徑排定優先順序**。產品架構和市場趨勢相比，哪個是產品經理最該了解的？客戶需求和產品架構相比，哪個是工程師最該了解的？孰輕孰重依照現況而定，如果情況變了，可以重新排定優先順序。

4. **決定每個小組由誰領軍**。請注意，這是最後一個步驟，不是第一步。組織設計的目標是要讓員工更好做事，而不是為了主管。組織設計出現嚴重錯誤，大多是因為本末倒置，太在乎主管的個人企圖心，反而忘了為基層員工建立溝通管道才是重點。把這個步驟放在第四順位，主管勢必會不高興，沒關係，他們遲早要認命。

5. **找出之前沒有強調的溝通路徑**。找到有哪些溝通路徑需要強化固然重要，但也應該要找出之前忽略的溝通路徑。你之前沒有特別重視，並不代表這些路徑不重要，擱置不管的話，以後遭殃的絕對是你自己。

6. 制訂計畫，設法降低上述問題的負面衝擊。一旦找出潛在問題後，你就知道該採取哪些措施，避免跨部門產生溝通障礙。

落實上述六個步驟後，相信能有不錯的成效。組織設計再講深入一點，還會考量到「速度或成本」等取捨、如何執行組織調整，以及多久進行一次組織重整。

作業流程

制訂作業流程的目標是促進溝通。如果公司只有五個人，不需要設有作業流程，因為大家有事直接溝通即可。交辦工作事項，彼此知道要求在哪裡；有重要資訊，會彼此互通有無；少了頂頭上司，彼此溝通也能更清楚明白。但員工如果有四千人，溝通就難多了，沒辦法一想到就找對方溝通。這時就需要借重更好的系統，也就是作業流程，好比電腦裡需要有通訊匯流排把不同設備串接起來。

作業流程是一種正式而結構完整的溝通模式。它可以是精心規劃的六標準差流程，也可以是制度完善的定期會議。作業流程的規模可大可小，根據溝通的需求而定。

部門之間有溝通的必要時，有了作業流程就不怕彼此互不往來，也能達到有效溝通。如果你正想幫公司制訂第一個作業流程，不妨從面試流程開始。面試通常需要跨單位合作（徵聘、人事、後勤）；牽涉到外部的人（應試者）；結果對於公司的成敗很重要。

面試流程應該由誰設計？答案是，現在負責面試事宜的人。他們知道有什麼事項需要溝通，又該跟誰溝通，理所當然應該由他們把既有做法標準化，規劃出正式且有彈性規模的流程。

作業流程應該何時開始落實？答案取決於公司情況，但別忘了，叫老鳥學習新流程會有陣痛期。但菜鳥剛進公司，要他配合流程就簡單許多。不妨先把公司的現行做法規劃成流程，讓未來的新人更容易進入狀況。

有關流程規劃的著作很多，在此不再贅述，我個人覺得葛洛夫著作《葛洛夫給經理人的第一課》第一章〈生產包含了些什麼〉特別有用。以下幾點值得新創企業參考：

■ **重點先放在產出**。某作業流程應該有什麼結果？以面試流程為例，結果應該是找到優秀員工。知道想要的結果後，再來規劃流程。

■ **作業流程的每個環節都有既定目標，要想辦法知道目標有否達成**。參加面試的人數夠嗎？應試者是合適的人選嗎？這套面試流程能幫你找到適合的人嗎？一旦決定錄取這個人，他會接受嗎？一旦他接受這份工作，他對公司會有實質貢獻嗎？一旦有實質貢獻，他會留下來嗎？這些環節該如何評量？

■ **推行問責制**。作業流程哪一個環節由哪個單位負責、又由哪個人負責？該如何增加那個單位或那個人的績效透明度？

結語

擴大營運規模，過程與擴大產品規模不同。公司大小各異，所需要的架構都不一樣，太早處理，公司運作顯得笨重；太慢處理，公司可能在營運壓力下措手不及。擴大營運規模時，請留意公司的實質成長率。預期成長力道是好事，但想太多就不好了。

營運規模妄想症

我前幾天跟兩個朋友開會，一位是創投專家，一位是執行長，談到後者公司裡的一名高階主管。他的工作表現優異，卻缺乏管理大部門的經驗。創投友人隨口給了執行長一個建議，表示既然公司規模會擴大，就該事先思考該主管有沒有掌管大單位的能力。他這話一出，立刻遭我大聲駁斥：「這什麼爛建議，完全狗屁不通。」兩個人都被我的反應嚇了一跳。我這個人說話還算知所進退，有什麼想法不至於口不擇言，但這次為什麼破功？我的理由如下：

執行長必須經常評估管理階層成員的能力，但評估某主管的表現能否符合公司未來需求，不過是一種假設罷了。這麼做是適得其反，原因如下：

- **管理大單位並非與生俱來的專長，必須靠後天學習**。沒有人一出生就懂得如何管理一千人，都是在工作中邊做邊學。
- **預先判斷是不可能的任務**。主管有沒有能力掌管大單位，你如何事先知道？比爾蓋茲從哈佛輟學後，就清楚知道他應該學習擴大公司規模嗎？某某主管有沒有能力，你怎麼知道？

■ **預先對人下判斷，會阻礙他們的成長**。如果你心中已經打定主意，覺得某人沒辦法管理大單位，這樣還有必要教他如何管理，甚至點出他可能的不足之處嗎？應該不會吧！因為你已經斷定他辦不到了。

■ **太早網羅有管理大單位能力的高階主管，是一大錯誤**。天底下沒有「永遠的一流主管」這種事，只能說某公司在某時期有個一流主管。祖克柏在臉書，是技壓群雄的執行長，但若到甲骨文，恐怕沒那麼優秀。反之，艾立森把甲骨文經營得有聲有色，卻不是當臉書執行長的料。預先盤點經營團隊，找來有能力管理大單位的高階主管，雖然是為未來鋪路，但同時也可能本末倒置，沒能評估他接下來一年是否把工作做好，殊不知這才是重點，結果造成劣幣驅逐良幣。

■ **擴編時間點到了，還是得再評估一次，不急著趁現在**。預先找來能夠管理大單位的主管，就算他此刻能夠勝任，就算你也願意教他，但你自以為想得遠，其實並沒有為你爭取到「先做先贏」的好處。不管你在A時點怎麼決定，到了B時點還是需要再次評估，但到時手邊反而有更多資訊可參考。

■ **預設主管能力，只會破壞生活品質與管理品質**。某主管表現優異，拚死拚活幫你達成公司願景，你卻在資料不齊的情況下評估他的能力，得出他三年後不適任的結論，這樣對你有百害而無一利，衍生出隱匿資訊、虛偽不實、言不由衷的種種現象。這樣的公司，偏見取代了批判，批判取代了輔導，內鬥取代了合作。萬萬不可！

如果不應該對主管能力有偏見，那又該如何判斷呢？評估工作應該每季至少一次，針對所有層面全部盤點，以下兩個關鍵可以避免營運規模妄想症：

■ **評估時，不要把管理大單位的能力獨立出來**。該問的不是該主管能否管理大單位，而是在現在的規模下，他管理得好不好。評估要全面，才不會特別把管理大單位的能力獨立出來，開始胡亂預期他的未來表現。

■ **看相對不看絕對**。自問某主管是不是一流的管理人才，很難找到答案。應該這麼問才對：對我們的公司而言，此時此刻有沒有其他人更優異、更值得網羅？如果他被我們最大的競爭對手搶走了，對我們公司有什麼衝擊？

預估主管的管理能力，容易導致你管理失當，不但有失公平，也沒有效果。

第7章

執行長定心術

街頭每個大哥小弟聽好了，
納斯超屌，Super Cat最屌，你瞭不瞭！

——納斯，〈屌翻天〉（The Don）

把響雲端業務賣給EDS後，危機一波才平，另一波又起。投資人看我們把營收來源和客戶全數出脫，想不出我們還有何投資價值，法人於是大賣Opsware股票，股價應聲跌至〇．三五美元。這個價格點是重要關卡，一來代表我們的市值只剩帳上現金的一半，二來代表投資人認為Opsware不值得投資，覺得我們會繼續燒錢，到最後才會回頭是岸，把僅剩的現金還給投資人。人說屋漏偏逢連夜雨，我在這時又接到那斯達克的通知，表示股價在三個月內如果回不到一美元以上，將讓我們「下市」，變成雞蛋水餃股。

我向董事會公布這項壞消息，提供大家三個選項：

1. **反向分割**。我們可以十舊股併為一股的比例反向分割，使得股數減少十倍，股價增加十倍。
2. **放棄**。我們大不了變成雞蛋水餃股。
3. **積極開投資說明會**。我可以廣開投資說明會，想辦法吸引投資人，讓股價再增加兩倍。

董事會很體諒我的心情，對這三個選項都沒有成見。瑞理夫指出，反正投資人已經所剩無幾，對反向分割的做法也不會太排斥。安德森則認為，市場進入後報紙時代，下市與否可能沒那麼重要。

雖然如此，我就是不想走反向分割這條路，這就像斷頭拋售，等於向天下昭告公司沒本事，執行長也相信公司只值帳上現金的一半。此外，我也不希望公司下市。我知道安德森說得可能沒錯，但我也知道現在時局欠佳，許多法人有不能投資雞蛋水餃股的限制。我最後決定開投資說明會。

第一個問題是找誰投資？當時，大多數法人連十美元以下的股票都不買了，何況我們還不到一美元。所以我和安德森只好向人脈大師、亦是著名的天使投資人康維（Ron Conway）求教。解釋完事情原委，我們表示光有EDS每年兩千萬美元的合約，Opsware就是一個值得投資的公司；再說我們的團隊陣容堅強，擁有眾多專利，市值只有帳上現金的一半實在沒道理。康維仔細聽完我們的說明後，說：「我覺得你們應該跟艾倫（Herb Allen）見個面。」

我聽過艾倫經營的艾倫投資銀行（Allen & Company），但對他本人認識不深。艾倫投資銀行舉辦的說明會素質之高，全球無人能比，座上賓均是經過特別邀請、經常在別家說明會出現的面孔，如比爾蓋茲、投資大師巴菲特、媒體大亨梅鐸（Rupert Murdoch）等都是常客。其他家的說明會加起來，頂級賓客的人數恐怕還沒有艾倫投資銀行的多，它就是這麼厲害！

艾倫投資銀行的辦公室位於紐約曼哈頓的可口可樂大樓，他父親賀伯特（Herbert Allen）先前曾任可口可樂董事多年。我和安德森走進辦公室裡，只能以「典雅」形容裡頭的裝潢設計，優雅宜人而不浮誇。

艾倫本人亦是翩翩君子，一開場便對康維讚賞有加，直說康維的朋友就是他的朋友。我和安德森鉅細靡遺地介紹響雲端的心路歷程，包括怎麼把服務業務賣給EDS，自己留下軟體業務與核心人才，最後又拿到每年兩千萬美元的軟體授權合約。除此之外，我們公司沒有任何債務，股價絕對有〇．三五美元以上的本錢。艾倫專心聽完後說：「了解，我來看看可以怎麼幫忙。」他這話的含意究竟是像很多矽谷人一樣，代表「滾開，我沒興趣買雞蛋水餃股」，還是真的想幫我們，我完全沒有頭緒。結果很快揭曉。

接下來的兩個月，艾倫投資銀行陸續買進Opsware股票，連艾倫也親自投資，他公司的幾家客戶也大力捧場，幾個月內帶動股票從〇．三五美元狂飆到三美元，讓我們躲過了下市的惡夢，股東結構再度壯大，員工又重新燃起希望。這一切都得歸功於與艾倫的那次見面。

我多年後有次問艾倫，為何在大家看衰我們的時候，他卻對我們有信心，畢竟，艾倫投資銀行對科技業布局不深，更別說是資料中心自動化的領域了。艾倫回說：「我不懂你的業務，也對你的產業一知半解，我只知道你們兩個很有膽識。同樣的問題被其他上市公司的執行長和董事長遇上，早就舉白旗投降。你們不但肯放下身段找我，還堅信公司一定會成功，比龍頭企業的老闆更有魄力。有勇氣有決心，我當然願意投資。」

這就是艾倫的做事風格。有機會卻不跟他做生意，肯定被其他人笑你是傻子。

走過創業路，我學到最重要的一課是，專心把事情做好，別煩惱已經做錯或可能做錯的事。

本章濃縮了我在臨危不亂時的領導心得，與各位分享我如何專心把重要的事做好。

執行長最難學的一門管理課

就我個人擔任執行長的經驗，最難學的一門課是**駕馭自己的內心**。相形之下，組織設計、流程設計、績效量表、招聘開除等等，都算簡單。當了執行長之後，我才發現自己沒有想像中堅強。

多年來，我與成百上千位執行長聊過，大家都曾有脆弱的時刻，但卻很少人公開談論，我也從來沒看過有著作討論相關議題。這就像是管理學的鬥陣俱樂部，要當執行長就要遵守規則：即使有快要精神崩潰的時候，也絕不承認！

請容我在此破壞「行規」，與大家說明這個現象，並分享我個人受益良多的幾招。每個執行長面臨大大小小戰役，就屬這個最刻骨銘心、最重要。

為何心情亂糟糟，莫非我是不及格的執行長？

通常非得有崇高使命感、對工作有熱情有抱負的人，才會當執行長。此外，執行長也必須要有相當的成就或才氣，大家才會想在他底下工作。天底下沒有執行長想當個遜咖、想把公司經營得分崩離析、想讓公司淪落到破產，大家都想打造出偉大的企業。但這條路並非一片平坦，過程中不免會出錯，這些錯誤全都可以、也應該避免。

每個人都是當上執行長後，才開始學習當執行長。即使有主管、董事長或其他職位的歷練，都無法確確實實幫你做好準備。要學會如何經營企業，非得坐上這個位置不可。也就是說，你會面臨許多你沒有能力處理的事項，偏偏每個人都認定你有能力，誰叫你是……執行長。還記得剛擔任執行長時，有個投資人請我寄「資本結構表」給他，我大概知道是什麼，卻不懂格式，也不清楚資料哪些要放、哪些不必放。這實在是芝麻綠豆的小事，真正該我費心的事情還有一籮筐，但菜鳥執行長的問題就是這樣，有好多事要學、好多事都很難。那張試算表著實浪費了我好一段時間。

就算你知道怎麼做，事情還是有出錯的時候，因為公司經營涵蓋諸多層面，再加上市場變化快速，競爭白熱化，要帶領公司成功打下江山，實在很難。如果讓所有執行長考能力測驗，滿分一百分，得出的中數其實只有二十二分。分數這麼低，對當慣優等生的執行長來說，心中可能不是滋味，尤其又沒人跟他們說中數是二十二分，可見他們心中有多麼折磨。

如果你管理的是十人團隊，確實可能把犯錯次數或部屬的不當行為壓到很低；如果你管理的是千人公司，不犯錯是不可能的。公司到了一定規模，難免會捅出你壓根都沒想過的大簍子。浪費預算、浪費彼此時間、工作品質糟糕，一般人看了心情都不好了，換成是執行長，看了甚至快要得憂鬱症。

但更慘的是，這一切都是你的錯！

怪不了誰，只能怪自己

「爵士人罵嘻哈幫，怪不了他們。
NBA禁嘻哈裝，怪不了史登（譯註：NBA主席）。」

——納斯，〈嘻哈已死〉（Hip Hop Is Dead）

員工有時會跟我抱怨東抱怨西，比如說經費報告流程有漏洞等，我聽了常回說，千錯萬錯都是我的錯。聽起來好笑，但其實這句話不是笑話，公司裡出現大大小小的問題，真的全是我的錯。身為創辦人兼執行長，每件人事案、每個營運決策，全都由我拍板定案。如果是空降部隊的執行長，尚且能把問題歸咎於前朝元老，但公司是我創辦的，有問題誰也怨不了。

有人不是靠表現優異而晉升，是我的錯。沒能達成當季獲利目標，是我的錯。某個不可多得的工程師離職，是我的錯。業務團隊針對產品結構提出不合理的要求，是我的錯。產品的軟體錯誤太多，是我的錯。我這個執行長當得還真痛苦。

凡事都是你的責任，再努力也只有二十二分，換成誰都會揪心肝。

過猶不及

在龐大心理壓力之下，執行長往往會犯下列其中一個錯誤：

1. 想太多。
2. 想得不夠多。

想太多的執行長，把每個問題看得異常嚴重，認為自己責無旁貸，希望立刻解決問題。但營運問題何其多，這種心態常常會導致下面兩種狀況。如果表現於外，執行長最後會把團隊逼到死角，導致沒有人想要在公司工作；如果有問題只往肚子裡吞，執行長最後身心煎熬，健康亮紅燈，連早上能否來上班都是問題。

想得不夠多的執行長，看到公司問題一大堆，與其痛苦以對，乾脆變成樂天派，認為事情沒那麼糟，不需要即刻解決。自我安慰之下，執行長也自我感覺良好。但該解決的問題還是沒有解決，員工最後變得力不從心，覺得執行長一直不處理最根本的問題與衝突。這樣歹戲拖棚，公司只會愈來愈糟。

最理想的心態是驚而不慌，執行長遇事果斷處理，而不參雜個人情緒，凡事怪罪自己。懂得把問題與情緒分開，就能避免時時把員工或自己當成罪人。

執行長是孤獨患者

公司營運來到危急存亡的時刻，身為執行長的你如果急著與員工討論，後果會很難看，這個道理不難理解。但與董事會及外部顧問訴苦，也是白忙一場，因為他們掌握的資訊遠少於你，無法從旁輔導你下決策。你必須……享受孤獨。

響雲端經營到後來，正逢網路泡沫破滅，許多客戶紛紛破產，我們的生意大受打擊，財務狀況拉警報。同樣一件事，但我們對外必須有官方說法：響雲端財務無虞，新增傳統企業客戶的速度亮眼。一件事，兩種詮釋，哪個比較接近真相？無人傾訴的情況下，這個問題我問過自己千百次（順便提醒各位，不管是什麼事，問自己千百次是愚蠢至極的事）。我還把問題細分成下列兩個：

1. 萬一官方說法是錯的，怎麼辦？外至投資人、內至員工，如果大家都被我誤導了，怎麼辦？答案如果是肯定的，我應該立刻被拔掉。
2. 萬一官方說法是對的，怎麼辦？說不定我這一切都是杞人憂天，說不定我這樣質疑營運方向，只是害公司脫離正軌？答案如果是肯定的，我應該立刻被拔掉。

但人生從來不是非黑即白，哪一種詮釋才對，要等到事過境遷後才會知道。事實證明，這兩種想法都不對，我們的救命靈丹並不是新客戶，反而是我們另外找到一條出路，最後得以逆轉勝。公司要經營得好，關鍵就在於對事情的解讀不能太負面或太正面，做就對了。

三年前，友人羅森索接任Ning執行長一職，公司的財務危機立刻等著他解決。三個選擇讓他天人交戰：一、大幅縮小公司規模；二、賣掉公司；三、稀釋股權而對外籌資。

這三種選擇各有何後果呢？

1. 許多優秀員工都是他辛苦找來的，如果公司解聘他們，很可能重創內部士氣。
2. 他是經拔擢而升任執行長，所有員工都跟他並肩作戰了幾年，如果賣掉公司，等於是背叛了戰友，害他們沒有機會表現或完成使命。
3. 大幅稀釋員工的股權，會讓他們辛苦工作卻看不到實質回報。

遇到這些難題，往往讓人一個頭好幾個大。在此給熱血的創業人一個建議：決策的後果有時不是很糟糕就是不堪設想，如果你不肯從中二選一，勸你別當執行長。

羅森索向幾位業界重量級人物求教，但最終還是得靠他自己決定。誰也沒有辦法幫他回答問題，就算有，最後必須承擔下場的人也是他自己。他的決定是裁掉多數後進員工，結果決策正確，Ning營收節節上揚，團隊士氣高昂。如果公司裁員後每況愈下，所有的過錯都會算在羅森索頭上，他必須另外再找解決方案。每回看到羅森索，我老愛虧他：「歡迎跳入火坑！」羅森索最後把Ning賣給Glam（線上出版平台），現在是光場相機公司Lytro的執行長。

面臨抉擇時刻，執行長務必要知道一點，幾乎每家公司都遇過生死存亡的危機。我在安霍創投的合夥人懷斯（Scott Weiss）曾說，這個現象很普遍，有人還為它取了個WFIO（We're Fucked, It's Over）的簡稱，代表「噢！完了，我們搞砸了」。他還說，每家企業都會出現搞砸時刻，少則兩次，多則五次。（話雖如此，我怎麼覺得Opsware就遇到十幾次。）不管次數多寡、情節輕重，搞砸時刻總是難受，對執行長更是煎熬。

定心術

每個人的心理素質都不同，面對問題的心態各異，很難一概而論，我在此分享多年來的個人心得，希望對各位有幫助。

拓展人脈。你要做的抉擇攸關成敗，不妨請教有類似經驗的朋友，雖然不可能得到完美的答案，卻是一劑強心針。

把想法付諸文字。我知道Opsware既然是上市公司，如果能改變業務型態，出脫所有客戶與營收來源，才有最好的結果，但等到必須向董事會解釋時，我反而拿不定主意。為了做出最後決定，我把前因後果仔細寫下。動筆過程讓我更能釐清思緒，明快做出決定。

看路不看牆。賽車新手剛開始必學的一課是：以每小時兩百哩的車速行經彎道時，不能想著不要撞牆，而要專心在路面。心中只有牆，就會撞牆；心中只有路，就會沿著路面走。企業經營何嘗不是如此，難免會出現可能動搖公司的問題，數也數不清。太專注在問題上，只會想到發瘋，最後整家公司跟著你一起垮。應該專注在前方的路，而不是只想著有什麼障礙。

不退縮，不放棄

身為執行長，會有許多覺得乾脆離職的時刻。我看過一些執行長因為壓力太大，或是酗酒，或是擺爛，甚至乾脆不做了。對於這些行為，他們都能夠解釋得頭頭是道，但愛找藉口的人，這輩子絕對當不了優秀的執行長。

優異的執行長勇於面對痛苦。失眠、冷汗是家常便飯，我朋友莊思浩是業界知名的BEA系統共同創辦人暨執行長，稱之為「酷刑」。每回遇到成功的執行長，我喜歡問他們的成功之道。表現平庸的執行長愛誇說自己的策略高超、生意嗅覺敏銳，一派自我感覺良好。反觀優異的執行長，答案竟然如出一轍，他們都說：「因為我從不放棄。」

恐懼和勇氣只有一線之隔

「我問我小孩，英雄和膽小鬼哪裡不一樣？勇敢與恐懼有什麼不同？其實沒兩樣。重點是有沒有行動。英雄與膽小鬼都怕死怕受傷，但困境當頭，膽小鬼選擇逃避，英雄卻懂得自律，把恐懼拋在腦後，咬緊牙關做事。但兩者的感受是一樣的。外界眼光評斷你這個人，是看你的所作所為，不是看你的內心感受。」

——達馬托（Cus D'Amato，傳奇拳擊教練）

我和合夥人與新創企業的老闆見面時，會看他們是否具備兩項特質：一是夠不夠卓越，二是有沒有膽識。根據我擔任執行長的經驗，面臨重大決定時，勇氣比才氣重要得太多。

正確的決定往往顯而易見，但有時迫於壓力，卻做出錯誤的決定，這點從小事就能看出。來我們創投公司簡報的新創企業，如果合夥人之中一個當執行長，一個當總裁，我們常常會出現以下對話。

「公司裡誰有主導權？」

「我們兩個都有。」他們說。

「誰做最後的決定？」

「我們一起做。」

「這樣共治的模式會維持多久？」

「會一直下去。」

「你們的意思是說，你們不想決定誰有主導權，故意讓員工很難做事嗎？」

經我這麼反問，他們通常說不出話來。

決策者只有一人，員工更清楚該向誰報告，這個道理用膝蓋想就知道。但新創企業創辦人常有現實的人際壓力，反倒沒能以正確方式組織企業架構，因而犧牲長期利益。因為創辦人沒勇氣決定由誰當家作主，凡事都得兩個人批准，結果造成旗下每一名員工苦不堪言。

更值得注意的是，隨著公司日漸成長，營運決策只會愈來愈嚇人。響雲端營收只有兩百萬美元時，我們毅然選擇公開上市，理智上並不難決定，畢竟不上市只有倒閉一途。但不管是員工、媒體還是投資人，絕大多數都認為我們神智不清才會想上市，因此要下這步棋還是需要很大的勇氣。

頭腦＋膽識＝正確的決定

有的決定牽涉複雜層面，更是得拿出異於常人的膽識。執行長看到的數據、知道的環節、切入的角度，和公司其他人都不同。員工與董事比執行長更有經驗和腦袋的情況，並不少見，所以執行長做決定時的優勢，只是資訊比較全面罷了。

更慘的是，常常問題已經夠棘手了，執行長卻沒有特別偏向哪個做法。以是否撤掉某個產品線為例，他可能有五四％的意願想砍掉，四六％想保留，差距並不大。如果特別精明的董事和員工這時持相反意見，對他的膽識更是一大考驗。產品該不該砍，他自己都存疑了，更何況每個人都反對，這個決定怎麼做得下？如果事後證實他錯了，等於是活該倒楣，誰叫他不採那些軍師的建議；但如果他對了，又有誰知道呢？

最近有家大企業想買我們投資的新創企業，開出的條件相當優渥，考量這家新創企業目前的進展和營收，似乎沒有拒絕的道理。身為創辦人兼執行長的哈姆雷特（化名）認為，市場還有更大的商機待開發，此刻把公司賣掉實在可惜，但他不忘從投資人與員工的角度來考量，多少還是希望能照顧到他們的利益。希望回絕，但又不肯確定。更麻煩的是，高階主管和董事大多反對，而且經驗還比哈姆雷特豐富得多，使得他常常晚上輾轉難眠，對自己的想法沒信心。他也知道窮擔心不可能有答案，但還是萬分煎熬。事情發展到最後，哈姆雷特做出最好、最有膽識的決定，選擇不把公司賣掉。我相信這個決定會是他事業的一大里程碑。

妙的是，哈姆雷特一做出決定，立即獲得董事會與管理階層的支持。為什麼呢？如果他們一心想賣掉公司，要執行長放棄事業夢想，為什麼立場馬上一百八十度大轉變？原來，大家原先會偏向出脫公司，竟是因為哈姆雷特起初立場游移不定，大家以為他想賣掉公司，希望能支持他。但哈姆雷特並不知情，以為大家是經過縝密分析，才會想賣掉公司。所幸，他最後鼓起勇氣做出正確決定，可謂皆大歡喜。

這個常見問題可用下列的「社交信用矩陣」（social credit matrix）說明。廣納眾議做決定，面子比較掛得住。反觀獨排眾議做決定，常常是功勞沒有，還得背上罪名。

	你對	你錯
排除眾議的決定	公司平步青雲，但沒人記得這是你做的決定。	每個人都記得這個決定，你遭到質疑、排斥、甚至被開除。
廣納眾議的決定	公司平步青雲，每個給你意見的人都記得這個決定。	大家的譴責聲不多，但公司營運重挫。

表面上，一個決定的好壞如果真的難以判斷，似乎順應民意比較保險。實則不然。如果你掉進這個陷阱，思維會被眾人所影響，原本有七成把握的決定，會看起來只有五一％，害你三心二意。正因為如此，膽識在此時特別重要。

膽識如性格，可以後天培養

執掌響雲端與Opsware期間，我做過許多天人交戰的決定，從來不覺得自己有膽識，常常嚇得半死倒是真的。害怕的情緒一直都在，但經驗多了，我也慢慢學會控制。這或許就是「吃苦當吃補」的過程吧！

人生在世，每個人都會面臨兩種抉擇，一種有其他人支持，很簡單，卻是錯的；一種沒有人支持，很棘手，卻是對的。經營公司時，這些決定的影響層面深遠，所以難度更高。一般人做錯決定喜歡牽拖，執行長做錯決定也常是藉口連篇。

每做出一次棘手但正確的決定，你的膽識又多了一點；每做出一次容易但錯誤的決定，你的膽怯又多了一點。公司是英雄還是狗熊，就看身為執行長的你怎麼決定。

一般人的藉口	執行長的藉口
聰明人也犯同樣的錯誤	後果是好是壞實在難判斷。
我朋友都想這麼做。	經營團隊不贊成，我不能跟他們作對。
夠屌的人都這麼做。	業界都這麼做，我不知道這是違法行為。
作品還不夠好，所以我決定不參賽。	我們一直沒幫產品找到最好的市場定位，所以沒有想過要賣。

結語

回顧過去十年，科技業日新月異，大幅降低了新創公司的財務門檻，但想要打造一家偉大的企業，膽識絕對還是要比天高。

動腦派與動手派

柯林斯在其暢銷著作《從A到A+》（*Good to Great*）中指出，經大量研究與廣泛分析證實，執行長接班人若由內部拔擢，績效遠高於空降部隊。最根本的原因是內行知識。管理規模較大的企業，雖然也需要專業，但要熟悉一家公司的技術背景、先前決策、企業文化、人事業務等等，難度通常要高出許多。至於有些內部拔擢的執行長接班人為何做得不成功，柯林斯在書中並無深入探討，我希望在此討論，把重點放在企業經營的兩個核心能力：首先是知道要做什麼，第二個是帶領公司執行。頂尖的執行長必須兼具兩者，但大部分執行長通常有偏好，有的樂於制定公司營運方向，我稱之為動腦派；有的喜歡帶動大家付諸實行，我稱之為動手派。

動腦派的愛惡

動腦派喜歡花時間蒐集資料，資料來源有時是員工、有時是客戶，或是競爭對手，不一而足。動腦派喜歡做決定，該做決定時，能有萬全的資訊當然最好，但必要時，就算資訊非常少，他們也不優柔寡斷。動腦派精通戰略思考，與勁敵鬥智是他們的人生一大樂事。

企業營運的諸多細節，例如流程設計、目標設定、問責規劃、教育訓練、績效管理等等，動腦派有時覺得很無趣。

大部分的創辦人兼執行長屬於動腦派。如果公司營運不佳，原因大多是他們不肯花時間培養實際營運的能力，結果導致公司一團亂，無法發揮應有實力，而執行長本人也面臨被淘汰的命運。

動手派的愛惡

動手派與動腦派剛好相反，他們喜歡落實決策，認為目標必須高度明確，除非萬不得已，不應該改變公司的目標和方向。

動手派喜歡參與策略討論，但常常不認同策略構思的過程。動腦派樂於每星期花一天沈澱，或閱讀或研究或思考，但要動手派這麼做，反而神經緊繃，覺得這不是在工作。動手派一想到還有哪些流程可以改進、哪些人該負責、哪幾通銷售電話還沒打，就開始坐立難安，認為一直思考策略只是浪費時間。

遇到重大決定時，動手派比動腦派更容易擔心。主事者常常迫於不得已的情況，只能根據片面資訊做出重要決定，此時動腦派覺得理直氣壯，對於後果不會太焦慮。反觀動手派容易焦躁不安，有時把決策過程想得太複雜，誤以為這樣比較全面。

屬於動手派的執行長，雖然劍及履及，但有時會拖累決策過程的速度。

兩者兼備，才能成為頂尖執行長

有的執行長偏動腦派，有的執行長偏動手派，但只要努力加上自律，都能學會不擅長的另一面。如果因為不喜歡就不學，通常只有失敗收場：動腦派造成公司一團混亂，動手派無法在必要時刻帶領公司走出新路。

功能型動腦派

有些高階主管的職位屬於動手派，但執行時又能兼具動腦派的思維。舉例來說，要業務部主管做出因地制宜的決策可能不難，但他希望能了解公司整體規劃後，才開始執行。這是最理想的分層領導，一來有明確指示，二來執行精準。

誰來當家作主？

企業之所以訂有階級結構，主要是想提高決策效率。也因此，位於決策金字塔頂端的執行長多為動腦派。如果執行長看到某個問題很複雜而不下決定，只會拖累公司的作業流程。

如果管理階層中有個主管跟你一樣屬於動腦派，這樣容易出現反效果，因為他可能樂於發號施令，而不以你為主，如此容易造成公司內部的混淆，把員工分成兩個敵對陣營。因此，許多一流的執行長部署管理階層時，多是屬於動手派或功能型動腦派的高階主管。

接班的學問

最後談到接班問題。由於大部分企業由動腦派執行長掌舵，底下為動手派的資深主管（有時還有功能型動腦派的資深主管），因此接班特別棘手。該從本質屬於動手派的管理階層裡找人嗎？走此路線的例子是微軟，屬於動腦派經典人物的比爾蓋茲，二〇〇〇年卸下執行長一職，由他的左右手鮑爾莫（Steve Ballmer）接任。還是該跳過管理階層，從公司其他層級找到動腦派人才？此路線最有名的例子是奇異（General Electric），大膽跳過兩個主管層級，直接拔擢威爾許（Jack Welch），讓他成為奇異史上最年輕的執行長。要是換到現在，說公司非核心圈有個動腦派的管理人才，比每個高階主管都適合擔任執行長，恐怕大部分董事會都覺得是天方夜譚。

但這兩個方法都有瑕疵。從主管階層找人，公司變成由動手派執行長掌舵，未來遇到營運發展的三叉路口，可能導致決策緩慢，公司喪失優勢。此外，天生動腦派的管理人才遲早也會求去，微軟的明星主管如馬里茲（Paul Maritz）與西弗伯格（Brad Silverberg），不正是如此嗎？

如果和奇異一樣，跳過管理階層直接往下求才，恐怕會造成高階主管大出走。當初奇異出此奇招，幾乎沒有一位高階主管留任。奇異業務多角化，可能還撐得過這樣的陣痛期，但科技業日新月異，高流動率對企業是一大威脅。

結語

各位如果希望我給答案，恐怕要失望了。我只能說，執行長接班是一門艱深的學問。找空降部隊，則公司的成功機率降低；從內部拔擢，勢必又有動手派與動腦派的難題。如果從內部提拔動腦派的人才，其他高階主管亦欣然認同，當然是最理想的情況，但這世上哪有這麼好的如意算盤。

見賢思齊

天底下沒有完美執行長的樣板，每個人的領導風格迥異。以賈伯斯、坎貝爾、葛洛夫為例，他們雖然各有特色，卻都打造出一等一的企業。執行長的成功特質有許多，最重要的一個非領導力莫屬。何謂領導力？有領導力的執行長又是什麼樣貌？卓越的領導力是先天特質還是後天習得？

最高法院大法官史都華（Potter Stewart）在定義色情作品時，有句名言：「色情很難定義，但一看到就知道是不是。」領導力在大多數人的眼中也是難以形容，但一看到就知道。因此，視追隨者的數量、質量、多元化程度，應該就能知道一個人的領導力。

領導人有什麼魅力，讓人想跟隨他？我認為有三大特質：

- 能夠清楚勾勒願景。
- 具備正確的企圖心。
- 有能力達成願景。

以下逐一討論。

能夠清楚勾勒願景：賈伯斯特質

領導人能否清楚表達願景，讓大家同感振奮？更重要的是，領導人在營運困頓時能否清楚表達願景？尤其是公司陷入低谷，員工留下來無法維持生計，領導人是否還能讓員工認同願景，不離不棄。

賈伯斯是有遠見的領導人，眾所皆知。我認為他最大的成就是，在NeXT已經風光不再之後，依舊有辦法讓許多頂尖人才為他效命；日後回鍋瀕臨破產邊緣的蘋果，他也能讓員工認同他的願景。他一次又一次逆轉勝，這般魄力恐怕非其他領導人能比。因此我稱這個領導人特質為：賈伯斯特質。

具備正確的企圖心：坎貝爾特質

我們的社會有個重大迷思，誤以為執行長勢必要自私自利、冷血無情。其實恰好相反。原因很簡單：執行長要做得成功，首先要能讓優秀人才願意為他效力。一個不重視員工福祉的執行長，有哪個聰明人會想在他旗下工作。

大多數人在職場都有類似經驗：有個高階主管有頭腦、有野心又肯吃苦，就是沒有人才願意為他工作，導致他的績效奇差。

真正頂尖的執行長懂得營造正面的工作環境，讓員工感受到他的用心，知道他重視員工更甚於自己。好環境自然有好事發生，許多員工開始以身為公司一分子為傲，由內而外展現在行為上，言必稱「我們公司」。隨著公司逐漸成長，這些員工成為為品質把關的第一線，他們的工作品質是未來員工看齊的標準，例如他們會說：「你這張數據表做得不夠好，你這樣是在丟我們公司的臉。」

這個領導特質我稱之為「坎貝爾特質」，因為坎貝爾是我看過最擅長此道的企業領導人。坎貝爾經營過多家企業，曾經與他共事的人都是以「我們公司」稱呼自己服務的企業。他之所以深得人心，有很大的原因是他為人沒有一絲虛情假意。為了員工著想，他不惜犧牲個人名利。與坎貝爾交談，不由得會覺得他很重視你的想法，他的所作所為也在在證實他凡事以員工為重。

有能力達成願景：葛洛夫特質

領導力的最後一個特質是能力。公司願景我認同，領導人以員工為重我也相信，但他有達成願景的能耐嗎？我可以跟著沒有地圖的他走進叢林，相信他能把我帶到桃花源嗎？

我稱之為「葛洛夫特質」。執行長必須擁有專業能力，這點我一直以來以葛洛夫為榜樣。他是電機工程博士，著作《葛洛夫給經理人的第一課》是我讀過最精彩的管理書，也在專業領域不斷精益求精。他不只撰寫出值得一再拜讀的管理書，更在英特爾任期內於公司內部教授管理課程。

他在經典著作《十倍速時代》（*Only the Paranoid Survive*）提及英特爾的轉型過程，從原本以記憶體為本業，大幅度改變方向，轉攻微處理器市場，等於是放棄原本的營收來源。對於轉型的決定，他個人謙虛地歸功於公司其他人，但英特爾能夠快速成功度過轉型期，葛洛夫絕對功不可沒。畢竟，要一家已經營運十六年、規模龐大的上市公司轉換跑道，絕對會出現許多雜音。

葛洛夫書中提到有次遭員工質問的經驗：「其中有個員工劈頭就問：『你是說，英特爾不靠記憶體業務，還有辦法在市場活下來嗎？』我努力克制情緒，回說：『對，我覺得可以。』話一說完，全場批評聲四起。」

轉型策略雖然造成許多優秀員工的不諒解，但最後大家還是選擇相信葛洛夫，認為他有能力以全新業務再造英特爾。也因為這份信任，才有今天的英特爾。

卓越的領導力究竟是先天特質還是後天習得？

我們來逐一討論上述三個領導人特質：

■ **清楚勾勒願景**。有些人本來就比較會說故事，但只要肯專心肯學，每個人都能大幅精進溝通表達的能力。傳達願景，是所有執行長的必修課。

■ **正確的企圖心，亦即凡事以完成大我為考量**。坎貝爾特質能否靠後天學習，我並不確定，但我敢肯定的是，這個特質是沒辦法教的。在領導力三大特質中，這項最有可能是與生俱來。

■ **達成願景的能力**。這項特質絕對學得來，或許正因為如此，葛洛夫的字典裡沒有無能這兩個字。有時候，能力最大的敵人是自信。身為執行長絕對不能太過自信，而不持續精進專業能力。

這三個領導特質有的偏向天生、有的可以後天培養，但每個執行長都不應該偏廢。此外，這三者也有相輔相成的效果。員工信任你，自然願意聽你勾勒願景，哪怕你表達功力不佳。如果你的能力卓越，員工自然會信任你，聽你溝通願景。如果能夠為員工勾勒出美麗的願景，他們自然會給你時間琢磨領導技巧，體諒你暫時無法以員工為重。

平時執行長，戰時執行長

坎貝爾以前常跟我說：「小霍啊，你是我共事過最優秀的執行長。」我聽了總覺得他腦袋秀逗，畢竟當時與他合作的企業領導人有賈伯斯、貝佐斯、施密特等，都比我厲害太多，而且我的公司還面臨破產危機。我有天逮到機會問他：「你為什麼會這麼覺得？難道業績不算執行長的成績單嗎？」他說：「這世上有很多承平時期做得好的執行長，作戰時期做得好的執行長也不少，但能夠平時、戰時表現都優異的人，幾乎沒有。你是唯一的例外。」

如果問我，我會說我當平時執行長只有三天時間，戰時執行長做了八年。作戰狀態的種種，我到現在還是記憶猶新。有這種經驗的人，並非只有我一個，社群網站四方廣場創辦人克勞利（Dennis Crowley）曾經跟我說，公司何時該承平、何時該作戰，他沒有一天不掛在心上。我相信這是許多科技公司執行長的共同心聲。

舉谷歌為例，施密特卸下執行長一職，而由創辦人佩吉接手時，媒體卻不斷質疑佩吉沒有能力成為谷歌的最佳代言人，說他個性害羞內向，魅力遠不及外向又有口才的施密特。這樣的分析角度雖然有趣，卻沒說對重點。說施密特比較符合谷歌形象，是低估了他的功績，他在谷歌承平時期帶領公司擴張成功，規模之大，科技界十年罕見。相反地，佩吉認為谷歌即將進入作戰時期，要當個帶兵出征的執行長。事後證實，這個人事變動，對谷歌、對科技業都是一大轉折點。

定義與例證

承平時期的企業，在核心市場有絕對優勢，不畏競爭，且市場需求仍在成長，企業得以專心拓展市場，加強優勢。

作戰時期的企業面臨迫切危機，處於生死存亡之秋。危機的潛在來源很多，包括競爭對手、景氣巨變、市場轉變、供應鏈異動等等。葛洛夫是頂尖的戰時執行長，他在著作《十倍速時代》精闢點出，有哪些因素會使得企業從平時進到備戰狀態。

什麼是承平時期的企業使命，谷歌企圖加快搜尋速度的計畫，就是經典例子。在占有搜尋引擎市場優勢地位的前提下，谷歌認為加速網路搜尋速度，讓使用者能夠查詢更多資訊，對公司業務是利多。身為市場龍頭，他們把重點放在拓展市場，不擔心其他競爭對手。再看作戰時期的企業使命，最好的例子是八〇年代中期的英特爾。葛洛夫眼見日本半導體企業來勢洶洶，公司競爭力盡失，甚至可能以倒閉收場，因此力主棄守占公司八成員工的記憶體本業。

我自己從平時走到戰時，最大的發現是，不同時期需要截然不同的管理作風。但坊間管理書提及執行長管理技巧，大多只著墨在承平時期，討論作戰時期的少之又少。舉例來說，大部分的管理書都強調，絕對不能在公開場合羞辱員工。但葛洛夫卻有不同的做法，他曾經當著整間會議室的人，怒斥開會遲到的員工：「公司現在已經火燒屁股，你還敢浪費我的時間！」為什麼時期不同，管理風格會有如此差異呢？

承平時期，執行長必須設法把商機做大做廣，做法上要設有多元的潛在目標，鼓勵公司上下發揮創意、貢獻一己之力。反觀作戰時期，企業通常槍膛只剩一顆子彈，必須不計代價非擊中目標不可。要活命，就要使命必達，上下一條心。

賈伯斯回任蘋果執行長時，蘋果離破產邊緣只剩幾週的時間，無疑是進入作戰狀態。這時，每個人都必須一個口令一個動作，遵循他的逆轉勝大計，沒有個人發揮創意的空間。谷歌稱霸搜尋引擎市場時，做法完全迥異，管理階層鼓勵研發精神，甚至要求每個員工撥出二〇%的上班時間，別管工作，專心研究個人計畫。

戰時也好，平時也罷，兩種管理技巧只要用對場合，效果都相當卓著。但兩者本質上天差地別，平時執行長與戰時執行長的模樣完全不同。

「平時執行長」與「戰時執行長」的模樣

平時執行長遵守規矩而致勝。戰時執行長違反規矩而致勝。

平時執行長放眼大局，授權員工制訂細部決策。戰時執行長凡事一手抓，誰也不能違背君令。

平時執行長打造大規模的人事單位，廣納人才。戰時執行長也是如此，但要人資單位也有裁員的能力。

平時執行長花時間定義企業文化。戰時執行長讓亂世決定企業文化。

平時執行長隨時有緊急方案。戰時執行長知道有時必須孤注一擲。

平時執行長握有龐大優勢，穩定沈著。戰時執行長有如驚弓之鳥。

平時執行長克制不口出穢言。戰時執行長有時故意問候員工全家。

平時執行長認為競爭對手有如汪洋中的其他戰艦，可能永遠不會交戰。戰時執行長認為競爭對手已經侵門踏戶，想要綁架自家女兒。

平時執行長目標拓展市場。戰時執行長目標搶贏市場。

平時執行長容忍非計畫中的插曲，看到員工在其中的認真與創意。戰時執行長絕不允許員工分心。

平時執行長不拉高分貝。戰時執行長很少平心靜氣說話。

平時執行長努力降低衝突。戰時執行長凸顯衝突。

平時執行長力求凝聚全員共識。戰時執行長不強求共識，也不容忍反對聲音。

平時執行長勾勒宏大而積極的目標。戰時執行長忙著打擊敵人，無暇閱讀管理書，更何況這些書的作者大多是企業顧問，這輩子連個水果攤都沒管過。

平時執行長重視員工培訓，以員工成就感與職涯發展為己任。戰時執行長也重視員工訓練，以免大家在戰場淪為砲灰。

平時執行長願意退守公司不是第一或第二的市場。戰時執行長沒有這等豪氣，因為公司通常連市場第一或第二都排不到。

平時厲害、戰時剽悍，可能嗎？

執行長能否精進管理技巧，做到平時厲害，戰時剽悍呢？

有人會說，我這個執行長在承平時期不及格，但在作戰時期有漂亮成績。思科執行長錢伯斯（John Chambers）在承平時期的表現有目共睹，但隨著網路設備市場競爭加劇，思科前有瞻博（Juniper）、惠普，後有許多新進業者追趕，錢伯斯的能力備受考驗。八〇年代的蘋果，當時正值公司史上最長的一段承平時期，風格剽悍的賈伯斯格格不入，黯然離開蘋果。過了十多年，蘋果陷入營運危機，賈伯斯王者再臨，帶領公司創下佳績。

我覺得要平時厲害、戰時剽悍是辦得到的，但不容易，必須精通這兩種時期的管理技巧，對管理學要有深入認識，知道何時該遵守、何時又該打破。

請注意，管理書的作者通常是管理顧問，他們研究的個案都是承平時期的成功企業，因此多在討論平時執行長的管理技巧。我甚至可以大膽地說，除了葛洛夫的幾本大作外，沒有一本管理書著墨在作戰時期的管理術，教人如賈伯斯與葛洛夫一樣剽悍。

結語

事實證明，谷歌需要的正是一點作戰精神。一來安卓作業系統正在崛起，二來又有谷歌眼鏡（Google Glass）等創新產品問世，谷歌的多元產品線亟欲整合，而在佩吉精準而嚴厲的領導作風下，順利達成目標。有時出兵作戰是必要的！

人工執行長

前幾天有個朋友問我，執行長是靠天生資質，還是後天培養？我回說：「用膝蓋想，也知道執行長當然不可能是天生的！」見他一臉訝異，我突然發現答案或許沒那麼簡單。

大多數人的看法與我相反，認為執行長是天生的。我常聽到創投業者和董事在評估某某創辦人時，很快就得出結論，說他「不是當執行長的料」。他們怎能這麼肯定，我不清楚，因為創辦人通常得花好幾年的時間，才能練就執行長該有的管理專業。要我一下子就評斷創辦人有沒有辦法做到，真的很難。

拿運動來說，像短跑之類的項目不需花太多時間學習，因為跑步是自然的律動，選手再進一步雕琢技巧即可。但有些項目如拳擊就不同了，學習時間拉長許多，因為牽涉到許多不自然的律動與特殊技巧。前文曾經提到，拳擊手要退後一步時，一定要先抬後腳，如果照自然反應而移動前腳，這時要是一拳打來，常會被打得不省人事。要把不自然的律動練到習慣成自然，只有苦練兩字。執行長如果按自然反應管理企業，恐怕只有滿地找牙的份。

執行長這個工作，牽涉到許多不自然的做法。從人類演化的角度來看，讓大家喜歡你才是自然，如此才能提高活命的機率。但執行長卻得違反自然常態，為了以後受到大家的喜愛，短期要做很多讓人討厭的事。

就連最基本的管理技巧，一開始也會覺得有違常態。試想，麻吉跟你講了個笑話，你這時還評估他的功力，不是很奇怪嗎？你怎麼可能說：「我的媽啊，未免太難笑了吧。你鋪陳得太爛，不然說不定還有笑點，而且最重要的那個梗，你也亂講一通。請你回去再加油，明天再找我講一次。」

評判別人表現，常常給意見，這些行為違反生存法則，卻正是執行長的必要舉動。不這麼做，其他更複雜的行為如寫績效評估表、調動權責、處理辦公室的勾心鬥角、設定薪酬標準、開除員工等等，不是處理不來，就是處理得很糟糕。

給予回饋，是眾多有違自然的管理技巧中最基本的一個，如何精通呢？

大便三明治

有經驗的主管提供回饋給下屬時，常會採用一個方法，有時候頗有效果，值得新手參考。這招回饋法叫做：「大便三明治」，在管理書經典《一分鐘經理》（*One Minute Manager*）中說明得很詳細。主要的概念是，如果想讓員工更願意聽取回饋，應該先讚美他一番（三明治的第一片麵包），接著提出批評（大便），最後重申他的優點（三明治的第二片麵包）。大便三明治法也有額外好處：因為你開頭就清楚表明重視對方，所以對方知道並非針對他個人，而是他的行為。對事不對人，正是給予回饋的核心概念。

大便三明治法用於資淺員工，效果可能不錯，但有三個缺點：

- 流於正式。內容必須事先鋪陳，有時聽在員工耳裡，太過正式、帶有成見。
- 做過幾次後，感覺假假的。員工會覺得：「唉呀，老闆又再誇我了，等一下肯定沒好話。」
- 資深主管很快就看穿這招，心理立刻會出現反彈。

剛進入職場的前幾年，我有次依照大便三明治法，精心想好給一名資深員工的回饋。她用大人看小孩的眼神看著我，說：「小霍啊，誇獎的話就省了吧，我哪裡做錯你直接講。」當時真糗，我心想我果然不是當執行長的料。

回饋的關鍵

想要精通意見回饋的做法，不能只靠基礎的大便三明治法，還得配合你自己的個性與價值觀，發展出一套個人風格。以下提供幾個實戰技巧：

■ **態度真誠**。回饋，是你真心想給對方意見，而不是故意左右對方的感受。虛情假意很快會被看穿。

■ **立意要良善**。回饋，是希望對方成功，而不是希望對方失敗。要讓對方能感覺到你出於好意，如此他自然會願意聽你的回饋。

■ **別作人身攻擊**。若決定要開除某人就果斷開除，不要還先把對方說得一文不值。既然要回饋，就要提供對他有幫助的建議。但如果對方嘴硬，堅持自己沒錯，那又是另外一回事了。

■ **別讓對方在眾人面前抬不起頭**。有些回饋可以在一群人面前提供，但千萬別在對方的同儕面前讓他感到丟臉，這樣回饋不但沒有效果，且對方會因為在大家面前抬不起頭，把你恨得牙癢癢的。

■**回饋並非一體適用**。每個人都不一樣，有人聽到回饋覺得天快塌下來，有人臉皮超厚，都快刀槍不入了。你應該視員工的個性來調整語氣，不能看你自己的心情好壞。

■**直接而不過分**。不要有講跟沒講一樣，如果覺得對方簡報得很爛，不要說：「講得很好，但結論可以歸納得再扎實一點。」別怕太直接，應該說：「我聽不懂，不知道你的論點在哪裡，我覺得原因是……。」回饋講得模模糊糊，反而是欺騙對方、造成對方混淆，還不如不講。但也不要咄咄逼人，或是想展現自己的優越感，如此便失去回饋的用意了。因為好的回饋是對話，不是獨白。

回饋是對話，不是獨白

雖然貴為執行長的人是你，雖然跟員工講哪裡做錯的人也是你，但這不代表你是對的。他的工作該怎麼做才對，他應該比你更有概念，相關資料也比你齊全，所以搞錯的人可能是你。因此，給予意見回饋時，你應該鼓勵對方發表意見，如果不贊同你的判斷與結論，可以反駁。與對方詳細討論某件事的最高標準在哪裡，思辨愈透澈愈好，但同時維持開放心態，必要時承認是你錯怪了對方。

高頻率回饋

學會回饋的要點之後，應該隨時隨地應用練習。身為執行長，你對公司大小事都要有意見。每個預測數字、每份產品計畫書、每次簡報，甚至是每個人講的每件事，你都應該要有想法。讓大家知道你在想什麼，對某人的說法認同或是不認同，都讓大家知道。想什麼就說什麼，無時無刻不表達。

這麼做有兩大好處：

■ **員工不會覺得回饋是針對他個人**。員工常常得到執行長的回饋，久了習慣成自然，不會覺得：「唉呀，執行長那句話是什麼意思？是他討厭我嗎？」大家自然而然把重點放在議題，而不把回饋當成是自己倒楣遇到，被老闆打分數。

■ **員工會更習慣討論壞消息**。如果習慣把彼此做錯的地方拿出來討論，就更容易討論公司做錯的地方。好的企業文化應該像數據網路路由協定一樣：有壞事立刻知，有好事慢慢傳。不好的企業文化像是膽小鬼，直嚷著：「千萬別跟我說壞消息。」

結語

執行長還必須具備更多進階的管理技巧，但要學會技巧，覺得自己天生是執行長的料，關鍵在於把不自然的事做到自然。

如果你是創辦人兼執行長，覺得有些管理技巧做起來就是彆扭，自己怎麼管得好規模一百人、一千人的公司，別擔心，我當初的感覺也是這樣，我遇過的每個執行長也沒有例外。這是你愈挫愈勇的必經過程。

如何評估執行長能力？

執行長是企業裡最重要的職位，因此最容易被放在顯微鏡下檢視。但執行長職責的定義含糊，有時似乎雜七雜八的事情都得做。比方說，常聽到有人高喊「執行長應該是公司的頭號業務」，你這時難道立刻要賣起東西嗎？

分析執行長應該這樣、應該那樣，大部分都是私下說說，對執行長本人並沒有幫助。在此，請容我反向操作，先說明我如何評估執行長的能力，進而帶出我對執行長職責的定義。有幾個關鍵問題值得問：

1. 執行長有沒有既定目標？
2. 執行長能否帶動大家往目標前進？
3. 執行長是否達到預期結果？

1.執行長有沒有既定目標？

這個問題不妨廣義解讀。哪件事應該有哪個目標，執行長都知道嗎？這些事包括人資、財務、行銷、產品策略、目標調整等等。拉大格局來看，執行長訂下的營運策略是否正確？是否知道該策略對公司上下的細部影響？

評估執行長有無既定目標，我習慣從兩個角度切入。

■ **營運策略**。在好企業裡，營運策略與品牌故事是同一件事，有好的策略自然會有好的品牌故事。

■ **決策**。執行長有沒有既定目標，具體呈現就是下決定是否快、狠、準。

營運策略與品牌故事

執行長必須打造一個人人樂於工作的環境，讓員工看到工作的意義、公司上下利益一致、決策過程順暢、提供動機。規劃完善的大小目標，都有助於營造這樣的工作環境，但業務目標並不能代表公司，無法讓人看到公司的品牌故事。公司的品牌故事不只是單季目標和年度目標，而是直指核心問題，包括：我為什麼應該加入這家公司？我為什麼應該高興在這裡工作？我為什麼應該買它的產品？我為什麼應該投資這家公司？世界為什麼因為這家公司的存在，而變得更美好？

如果企業能清楚傳達品牌故事，對員工、企業夥伴、客戶、投資人，或是媒體而言，都能更清楚企業所代表的精神。企業理念若傳達得不清不楚，常會聽到有人這麼說：

■那些記者不懂啦。
■這家公司的營運策略是誰負責的？
■我們的技術很厲害，但行銷方面需要加強。

執行長不必是當初勾勒願景的那個人，也未必是打造品牌故事的那個人，但一定要是企業願景與品牌故事的擁護者，因此必須力求品牌故事清楚明確、有說服力。

品牌故事不是使命宣言，不必言簡意賅。故事就是故事，篇幅長短並不重要，重要的是一定要有，而且必須讓人心有戚戚焉。沒有品牌故事的企業，通常是沒有營運策略的企業。

什麼是一流的品牌故事？貝佐斯一九九七年寫了三頁的致股東信，不講使命宣言、沒有熱血標語，而是娓娓道來亞馬遜的品牌故事，讓每個人對公司理念都有一致共識。

決策

有些員工負責生產，有些員工負責銷售，執行長負責的是決策，因此能力好壞，可以從他的決定是否快、狠、準看出。決策能力卓越的執行長，集合智力、邏輯、膽識於一身。

如前所述，其中又以膽識最重要，因為執行長在做每個決定時，所依據的資訊並不全面。翻開哈佛商學院的個案研究裡，通常已有充足資訊可供分析，但執行長在決策當下的資訊，通常只有日後變成教案時的不到一成。因此必須拿出膽識，帶領公司往某個方向前進，哪怕他自己也不知道方向是否正確。最煎熬的決定往往也是最重要的決定。之所以煎熬，正是因為這會讓執行長不受歡迎，惹惱包括員工、投資人、客戶等等他最在乎的人。

把響雲端賣給EDS，轉型成Opsware，是我在職場中做過最好的決定。但如果當初讓員工、投資人、客戶投票決定，相信我一定輸得很慘。

身為執行長，絕對不可能等到找齊資料後才做決策。一週短短七天，大大小小的決定幾百個，等著你拍板定案。根本沒辦法把所有事情擱在一旁，把資料蒐集完備、縝密分析，就只為了做一個決定。因此，你應該時時有系統地蒐集公司日常營運的資訊，等到決策時刻，可依據的資訊會比較多。

不管是任何決定，都必須做好事先準備，針對可能會影響日後決定的大大小小事，有系統地蒐集資訊。下列問題值得參考：

- 競爭對手可能有哪些做法？
- 技術可以做到什麼地步，又需要多少時間？
- 公司的能耐位於哪個水平，又該如何精益求精？
- 這麼做會有何財務風險？
- 這麼做會造成既有產品架構出現什麼問題？
- 提拔這個人，其他員工是會叫好還是愁眉苦臉？

如何源源不斷蒐集必要資訊，一流的執行長自有一套方法，在主管會議、客戶會議、一對一會議等日常活動，隨時打開天線。透過每次與員工、客戶、合夥人、投資人等互動，執行長逐漸拼湊出全面資訊，進而制訂出絕佳的營運策略。

2.執行長能否帶領大家往目標前進？

勾勒完美好願景，決策也下得快、狠、準，執行長有能力帶領公司達成願景嗎？第一個要素是具備領導風範，第六章〈見賢思齊〉那節已經討論過。

執行願景還必須擁有各種不同的營運技巧，公司規模愈大，所需的技巧愈精細。要制訂出各式各樣的決策與計畫，必須具備以下條件：

- **有執行的能力**。換句話說，公司必須人盡其才、適得其所，才有辦法執行策略。
- **提供讓大家能完成工作的環境**。員工要有動力、溝通要有效果、共識要深廣、企業精神要清楚。

執行長能否打造出一流團隊？

除了籌組經營團隊之外，一般員工的面試與徵聘流程也由執行長監督。他必須確保公司找到最好的候選人，篩選過程能選出有才華又有能力的人。打造高品質的團隊，是治理公司的核心環節。一流的執行長經常評估自己是否打造出最佳團隊。

執行長是否打造出一流團隊，答案看團隊品質就知道。值得注意的是，團隊的經營品質與某時期的特定需求息息相關，不同時期有不同挑戰，因此經營團隊有可能幾度變動，但經營品質始終優異，並沒有人才流失的問題。

環境是否能讓員工貢獻己力？

評估的第二點，決定了執行長經營公司能否得心應手。評量這個能力，我喜歡問：「公司環境適不適合工作？」

管理有成的企業裡，大家把心思集中在工作，不必煩心辦公室的勾心鬥角與官僚流程，相信只要完成工作，對公司、對個人都有好處。反觀管理不佳的企業裡，各單位之間的爭奪、作業流程的問題等等，就已經占掉許多時間。

打造一家管理有成的企業，知易行難，需要組織設計、績效管理等等的高度技巧，又必須有誘因制度與溝通架構，讓每一個員工有動力也有權力。執行長如果「沒辦法擴大營運規模」，通常是因為沒能營造出無後顧之憂的工作環境。現實生活中，能在這點得到高分的執行長，少之又少。

線上影音供應商奈飛（Netflix）執行長哈汀斯（Reed Hastings）這點做得很好。他苦心設計出一套讓員工能盡情發揮實力的制度，稱為「自由與責任文化參考指南」（Reference Guide on Our Freedom and Responsibility Culture），內容包括：奈飛希望員工具備何種價值觀、面試過程如何判斷應試者是否具備這些價值觀、公司如何加強這些價值觀，以及公司在員工數成長時如何擴大這套系統。

3. 執行長是否達到預期結果？

評估目標是否達到預期結果時，先得確定目標是否正確。善於向上管理董事會的執行長，可以故意把目標設低，最後交出看起來優異的成績；而不注重向上管理董事會的執行長，把目標設得太高卻無法達到，結果成績看起來不及格。公司發展初期，大家都不知道市場商機到底有多大，營運目標特別容易產生誤導。因此，想要準確評量某目標的成效，首要之務是設立正確目標。

我也會提醒自己，公司不同，市場商機的規模與本質也會大異其趣。如果希望硬體公司能像消費者網路企業一樣「輕資產」，或希望點評網站Yelp的成長速度和推特一樣快，不但不合理，也可能適得其反。評量執行長的能力時，應該要根據個別公司的商機，而不是與其他公司相比。

在此分享一個有趣的小故事，說明何謂說到就拚命做到的執行長。這位執行長是中國最大搜尋引擎百度的李彥宏，他在二〇〇九年受邀到史丹佛大學演講，回憶起百度上市當天的心情。公司上市通常是創業人這輩子最歡欣鼓舞的時候，但李彥宏卻坐在辦公室裡戒慎惶恐。為什麼呢？他的回答讓人看到一名執行長勢必達成目標的決心：

回想二〇〇四年，我們完成最後一輪創投募資，主要投資人包括德豐傑投資（Draper Fisher Jurvetson）……與谷歌，也就是我們最重要的合作夥伴之一。到了二〇〇五年，百度正式掛牌上市，理想的掛牌價是二十七美元，但第一天尾盤竟然收在一二二美元高點，對許多員工、對百度所有的投資人都是天大的好消息，但對我卻彷彿噩耗，因為當初決定上市，我對公司設定的營運目標，只支撐得了二十七美元，頂多是三十、四十美元的股價水平。看到股價第一天就衝到一二二美元，對我實在是當頭棒喝，這表示公司的實質表現也要有相同的能耐，遠遠高於我一開始設定的目標。但不管如何，我已經沒有後路，只能咬緊牙根衝刺業績，聚焦在技術面與使用者體驗，所幸最後成功了。

目標人人會訂，但往往要等到實際表現出來之後，才知道執行長有沒有本事。套句共同基金公開說明書常說的：「過去績效不代表未來績效之保證。」要正確評估執行長的能力，應該問「他有沒有既定目標？」「他能否帶領大家達成目標？」這樣更能預期他未來的表現。

結語

評量執行長的能力，不必霧裡看花，不必莫衷一是。包括執行長在內的每一個人，如果能事先知道考題，都能有更好的表現。

第8章

創業第一法則：沒有法則可言

再大的打擊，我都死不了，
吃苦把它當吃補。
拜託快點好不好，
老子不想再苦耗。
我知道我對，
我才是王道。
枯等了我一整晚，
打量了你一整晚。

——肯伊．威斯特，〈強還要更強〉（Stronger）

幫Opsware找買主時，惠普原本出價以每股十四美元收購，BMC又出價一四．〇五美元，結果惠普再出擊，出價一四．二五美元。我和歐法洛擬出一套成交策略，認為如果執行得好，得標價格應可到達十五美元以上。大家對這個價格都很振奮。

沒想到半路殺出程咬金，我們的稽核公司安永會計師事務所（Ernst & Young）差點壞了大事。BMC進行實地審核時，發現有三筆合約的收入認列方式與他們不同。這三筆合約都包含業界所謂的「CA條款」。CA是軟體公司組合國際電腦（Computer Associates）的英文縮寫。之所以有CA條款的存在，是因為組合國際電腦曾經欺瞞客戶，與客戶簽訂「X產品」的維修合約時，給予產品永久免費升級的權利，但日後卻把「X產品」更名為「Y產品」，向客戶要求升級費用。這項商業手法非常精明，卻相當不入流。為了不再當冤大頭，客戶開始要求所有軟體供應商在合約裡添加「CA條款」。根據該條款，軟體公司推出新版產品時，如果包含舊版的所有功能，只是添加幾個新功能，換個名稱，則新產品仍舊適用於既有合約，不得提高費用。

CA條款有兩種可能的詮釋。一種是照條款原意，希望能避免類似組合國際電腦的不當行為，另一種則可看成是對產品日後功能的保證。如果是前者，軟體公司必須一次認列所有營收；如果是後者，軟體公司則在合約期間按比例分次認列。不管採用何種方式，支付金額是一樣的。

我們知道這兩者有模糊地帶，因此當初簽下這三筆含有CA條款的合約時，特別請安永會計師事務所來審核，並建議我們適當的認列法。對方的負責人是普萊斯（Dave Price），普萊斯知道我們的意圖，建議這三筆營收來源採一次認列。但BMC自己合作的安永會計師卻有不同結論，他們內部類似的合約案則是按比例認列。發現做法不同時，該負責人通報安永美國總公司。

安永總公司的合夥人打電話給我，否決普萊斯的審核結果，要我們四十八小時內重新編列財務預測，我聽了差點砸掉電話。重編財測，不僅會造成股價重創，也扼殺了公司的出脫機會。認列原則對我們的現金流量沒有實質衝擊，而我們的認列法本來也是根據安永會計師的建議，如果對方一開始就建議按比例認列，公司現在的股價也是差不多。但現在要我們重編財測，等於是置我們於死地。

搞什麼鬼？

我按捺住火氣，小心翼翼地回答。

我：「認列的目的是要反映我們公司和客戶的意向，不是嗎？」

安永：「沒錯。」

我：「既然如此，為什麼不現在就打電話給這三家客戶，詢問他們的意向？如果符合當初普萊斯的建議，那我們就維持原狀。如果客戶有不同看法，我們就重新編列。」

安永：「不行，這樣還不夠。你們還要請這三家客戶修訂合約，符合我們安永新規定的文字敘述，才能釐清疑惑。」

我：「但這三家客戶都是大銀行，他們都設有風險部門，合約不可能說修就修。再加上我們的出脫案還在進行，金額高達十六億美元，你們這樣會壞了整筆交易。」

安永：「這是貴公司職責所在，與我們無關。」

我：「但我們和安永合作也八年了，你們從我們身上賺了幾百萬美元，而且當初建議我們這麼認列的也是你們自己人，如果我們和客戶口頭上都同意目前的認列法，你們為什麼還要拒絕？」

安永：「貴公司不是修訂合約，就是重編財測，你們只有四十八小時。」

普萊斯在一旁，看起來都要哭了。

安永總公司並不在乎法律精神，只在乎字面意義。從會計和生意的角度來看，我們的做法正確，他們卻拒絕採信，打定主意以自己方便為主。知道消息後，我們的財務長康提臉色發青，幾百名員工八年的辛苦如今可能白費，栽在當初他一手挑選的會計公司手上。他加入Opsware之前，與安永合作過十五年，無奈被對方擺這麼一道，原本能言善道的他，如今一句話也講不出。我當然是火冒三丈，但我知道開罵也於事無補，再說康提已經很自責，於是我轉而詢問法律長布斯洛（Jordan Breslow）：「我們有必要立刻讓收購方知道消息嗎？」他的答案讓人一陣心寒：

「要！」

我們向惠普與BMC解釋情況，並表示兩天內能把合約修訂完成。他們聽了都不相信，但其實連我自己也不敢肯定，怎麼有可能在二十四小時內，與三家大銀行修訂完合約呢？惠普與BMC對後續消息做好應變措施，必要時可能降低出價金額。

在此同時，我和普萊斯與柯蘭尼三人事不宜遲，開始想辦法修訂合約。我們坐在財務部辦公室裡，集思廣益，思考能動用到哪個人脈幫忙。我打電話給每位董事，詢問他們的存款銀行是哪家，看他們能否說動銀行或請認識的人出面。柯蘭尼電話一直沒停，努力與三家銀行客戶的業務與相關人員聯絡。布斯洛與普萊斯想出十套修訂文字。大家整晚沒睡，普萊斯臉色超差，看起來就要心臟病發。不幸中的大幸，我們早上十一點前及時修正好合約，時間花不到二十四小時。財測不必重編！

毫無意外地，這段插曲把BMC嚇得皮皮挫。他們覺得可能還有未爆彈，於是取消出價。

惠普倒是處變不驚，但認為整筆交易出現「瑕疵」，而把出價調降到一三．七五美元。

那天晚上，董事會在公司開會討論惠普的新價格，我們說BMC已經放棄。董事會一致認為應該接受一三．七五美元的出價，但我不同意，我說沒有原本的一四．二五美元，少一毛我都不接受。坎貝爾看我的眼神，就好像我是花太多時間在戰場、只想大開殺戒的將軍。我那時一、兩天沒睡，已經顧不得他的勸戒，只知道我等了一整晚想證明我沒錯，誰也不能阻止我！

我沈澱一下情緒，堅持我的立場：「惠普出價每股一四．二五美元，相當於過去十二個月每股營收的十六倍，原因只有一個，因為我們是第一流的公司，是這個科技領域的黃金標準，所以才會有這筆交易的存在。一旦接受調降過的價格，讓對方覺得我們不是最好的，收購案就行不通了。」歐法洛點頭同意，董事會最後也勉強接受我的立場。

我對惠普說，我們只接受一四．二五美元的出價。等待消息的那兩個小時，康提的臉色始終蒼白，還好最後惠普同意了，交易拍板定案。成交金額比我們當初預想的少一億美元左右，全都怪自稱夥伴的會計師事務所在我們背後插一刀，但所幸還是把Opsware賣出了。至今我對安永還是懷恨在心。

這段插曲的教訓就是，正覺得事情一帆風順時，有可能馬上風雲變色，這時怪罪抱怨通常沒有用，最重要的是找到解套方法。至於臉色蒼白像看到鬼，苦撐過去就好了。

該強調當責，還是鼓勵新點子？

有個軟體工程師發現目前的產品架構有缺點，會嚴重影響未來的擴充能力，如果把上市時間延後三個月，應該就能解決問題。大家也認為三個月的延誤還算合理。後來一拖就拖了九個月，但軟體確實存在問題。這時，你是該獎勵他勇於提出點子、發現問題，還是該怪罪他造成產品延宕？

如果你扮演起檢察官的角色，認為產品由他負責，既然未達預期目標，當然算他失職，這樣做只會扼殺了他與其他人的衝勁，養成多做多錯、少做少錯的心態。如果你養成這樣的習慣，員工以後隱瞞問題都來不及了，哪還有時間解決重要問題。

另一方面，如果這件事不由他負責，其他準時完成工作的員工，豈不成了冤大頭？他們會想：為什麼我常常熬夜，在期限內把工作趕出來，執行長卻獎勵工作拖延了半年的人呢？最拚命、最有績效的員工會覺得自己是冤大頭，問題其實就出在你身上，是你沒辦法建立起適當的當責文化。這就是強調當責與鼓勵新點子的兩難。

要解決這個難題，不妨先從最基本的假設開始。你是假設大部分的員工都有創意、有頭腦、有動力？還是假設他們懶惰成性、愛耍心機、每天只想趕快打卡下班？如果你的假設是後者，那乾脆放棄吧，公司肯定不會有創新與研發的能量。除非員工的實際表現不佳，否則應該假設大家都是力爭上游的好員工。話雖如此，還是要有一套當責制，才能避免冤大頭現象。你怎麼想呢？

我們來看看當責制的三個層面：心力、承諾、實際表現。

心力不夠，請負責

這點很簡單，要成為一等一的企業，必須付出一等一的心力。如果員工做不到，當然要糾正。

承諾沒做到，請負責

許多經營有成的企業都會有類似「做承諾、守承諾」的使命宣言。答應做到某件事卻沒做，等於讓公司每個人失望。容易傳染。要求大家說到做到，是完成工作事項的重要關鍵。但如果承諾比較難達成，當責的程度也會有變化。承諾要完成行銷宣傳品或寄一封電子郵件，難度不高；承諾要在期限前完成一項軟體工程，內容需要解決相當複雜的電腦問題，難度則高很多。前者要唯員工是問；後者，牽涉的層面比較複雜，必須考量到實際表現。

實際表現不佳，請負責

這個層面比較複雜。如果有員工無法達成他所承諾的目標，就和本節開頭的例子一樣，你一定要唯他是問嗎？應該唯他是問嗎？答案取決於以下幾點：

- **員工資深程度**。經驗愈豐富的員工，應該比資淺員工更有能力預估自己的表現。
- **工作內容難易度**。有些工作事項就是比較難。比方說，如果產品比不上競爭對手，或者剛好遇到景氣冷颼颼，要達到銷售目標本來就難。又比如，要打造一個自動且有效率的平台，將序列程式平行化，進而橫向擴展（scale out），難度很高。切實預估，不容易；達成預估，也不容易。思考該如何處置未達預定目標的員工時，必須考量到工作事項的難易程度。

■**亂冒風險的次數**。員工願意冒適當的風險，固然是好事，但並非所有的風險都值得冒。雖說不入虎穴焉得虎子，但有些風險的報酬不是太低，就是根本沒有報酬。試想，酒醉駕車的風險很高，但就算順利回到家，也沒有什麼報酬可言。如果員工沒能達到目標，要考慮是他考量不周全，冒了不該冒的險，還是這個風險值得冒，只是沒成功罷了？

再探兩難

所以到底該強調當責，還是鼓勵新點子？以下幾點值得參考：

1. **這個人資歷是高是低？**如果是主要架構師出錯，你必須要求他工作神經繃緊一點，不然公司會被他拖累。如果是資淺人員出錯，則應該先以輔導代替責罵。
2. **這項工作是難是易？**如果能夠完成這樣的擴展規模，已經是謝天謝地，那就不該責備對方，反而應該感謝他。如果工作內容相對簡單，他卻花太多時間，那就有必要處置。
3. **這個風險值不值得冒？**產品的規模真的在中短期內就不敷需求嗎？如果確實如此，那不管是花三個月還是九個月，都值得冒風險。但如果情況在中短期內難有改善，則可能照原定計畫即可，沒必要瞎操心。

結語

科技業變化莫測，什麼事也說不準。表現平庸與表現優異的差別，常常只是前者凡事找員工興師問罪，後者允許員工冒該冒的險。當責很重要，但不是唯一重要的事。

「換人當當看」管理術

幾年前，我們公司出現一個特別棘手的管理問題。客戶支援團隊與業務工程團隊各自表現傑出，卻彼此鬧不合。業務工程師痛批對方有問題不緊急處理、不肯解決產品問題、害銷售量與客戶滿意度無法進一步成長。反觀客戶支援團隊則說，業務工程師未經驗證便提交軟體錯誤、不聽合理的除錯建議、不知道解決問題也該有先後順序，只會大驚小怪。除了工作上互相抱怨之外，這兩組人馬打從心底就看對方不順眼。偏偏公司需要他們互相合作才能運作正常。兩個團隊都是人才濟濟，主管表現也相當優異，所以沒有人應該開除或降級。我不知道該怎麼辦。

說巧不巧，我那陣子剛好看到經典老片〈怪誕星期五〉（Freaky Friday），意外找到答案。電影由芭芭拉．哈利絲（Barbara Harris）飾演媽媽，當時號稱天才童星的茱蒂．福斯特（Jodie Foster）飾演女兒；二〇〇三年更曾被迪士尼改編成〈辣媽辣妹〉（Freaky Friday），由潔美．李．寇蒂斯（Jamie Lee Curtis）與琳賽．蘿涵（Lindsay Lohan）飾演母女。電影中，母女倆不了解彼此想法，感情愈來愈疏遠，暗自希望對方可以將心比心，想不到老天爺居然開了個玩笑，讓他們互換身體。

因為角色對換了，母女倆逐漸了解對方生活中的難處，最後又回到自己身體時，兩人變成無話不談的好朋友。看完故事的原版與改編版，我想出了一套「換人當當看」管理術。

隔天，我找來業務工程部與客戶支援部的主管，要他們學電影裡的母女一樣互換角色，經營對方的部門一段時間。聽我這麼交代，他們兩人差點沒像電影裡的母女一樣驚聲尖叫。

僅僅一個禮拜易地而處，兩名主管很快找出造成衝突的核心問題，立即訂出一套簡單流程，讓雙方人馬不再對立，工作起來更融洽。一直到賣掉公司那天，業務工程部與客戶支援部合作起來，比公司其他主要部門更有效率，這全都要感謝〈怪誕星期五〉。我覺得若要說它是世上最厲害的管理訓練影片，也不為過。

維持高水準表現

執行長都知道，沒有一等一的工作團隊，就無法打造一等一的公司。但要怎麼知道某位高級主管是一等一的人才呢？就算當初加入公司時，他是一等一的人才，但他之後能保持一等一的表現嗎？如果能力退步了，他有辦法再回到一等一的境界嗎？

這些都是複雜的問題，在求才過程中會更加困難。每位執行長都希望網羅到最優異的人才，積極延攬對方加入團隊。如果對方答應了，執行長當然會認為自己中了大獎。要是每次聽到有執行長說「已找到業界最好的副總」，我就去刺青一次，那我身上很快就黑壓壓一片了。

所以說，執行長一開始就已先入為主，不管找到誰，就算對方尚未正式上工，就覺得他肯定是上等人才。但糟糕的是，起初表現一等一的高級主管，時間久了常常能力會跟著退步。熱中體育的人都知道，世界級的運動選手無法長久保持在巔峰狀態，縱使是美式足球明星歐文斯（Terrell Owens），原本風風光光，也可能一瞬間就成了落水狗。高階主管的工作壽命雖然比運動選手長許多，但公司狀況、市場態勢、科技研發的變化日新月異，因此高階主管今年管理一百人的新創企業，可能成績斐然，但到了明年，員工人數增加到四百人，營收規模成長到一億美元，他可能就成了過氣明星。

標準何在？

在討論績效標準的議題時，首先要知道一點，就算應試者面試表現優異，資歷審查也很漂亮，但不代表他日後一定有過人表現。天底下有兩種企業文化，一種重視員工表現，另一種重視員工來頭。後者只會害公司交出難看的成績單。

執行長應該用高標準檢視員工表現，但標準在哪裡呢？除了在〈業界老將〉那節提到的重點之外，下列幾點亦值得參考：

- **延攬過程時，你不可能完全了解對方的實力**。對方加入團隊後，你會慢慢知道他有哪些不足之處，或應該怎麼做才能在業界有競爭優勢，這時大可提高標準，不要覺得是在自打嘴巴。
- **必須要有「先蹲後跳」的效益**。不管是外部網羅還是內部拔擢，一開始花時間協助新任高階主管進入狀況，是很自然的事。但如果過了一段時間，他還是無法上手，則表示他的表現低於標準。

■ **執行長沒有時間培養高階主管**。我擔任執行長時有個慘痛的教訓，那就是，沒足夠時間培養出能交辦事項的高階主管。執行長的工作牽一髮而動全身，底下的高階主管必須要能立刻執行，如果我是部門主管或總經理，還有時間培育人才，但執行長沒有這種閒暇。人才培育可以、也必須在其他層級進行，但在高階主管這個層級則沒辦法這麼做。如果有人需要大量訓練，那他就是不合標準。

若稍不注意，有可能把標準訂得太高。〈營運規模妄想症〉那節曾經討論過，有些執行長在評估高階主管的能力時，會根據他兩年之後的預期表現，但這不僅沒有必要也不妥當，應該到時候再評量即可。評估他的能力，應該建立在他此時此刻的表現。

忠臣未必是能臣

如果高階主管表現優異，忠誠度也高，該怎麼讓他知道你對主管職標準的要求呢？你要怎麼跟他說，他現階段的心力你都看在眼裡，表現很好，但如果明年沒辦法因應業界的變化速度，可能就要請他走人？

我以前評估高階主管的表現時，常會跟對方說：「你現在的工作表現有目共睹，但根據公司的營運計畫，我們明年員工人數會增加一倍，你的工作性質會很不一樣，所以我到時必須再重新評估你的表現。但你也不必覺得我在找你麻煩，因為這個原則適用於所有高階主管，包括我自己在內。」

向高階主管如此耳提面命時，務必要點出，公司規模成長一倍，他的工作內容會有所不同。也就是說，他現在做得好，不代表未來也做得好。事實上，高階主管之所以表現不佳，最常見的原因是他們工作性質換了，卻沒換腦袋。

但有人會說，你這麼對待公司的忠臣，不是忘恩負義嗎？公司能夠成長十倍，經營團隊功不可沒，你怎麼能在他們能力退步的時候，翻臉不認人呢？我的答案是，你有情有義固然好，但對象應該是你的員工，也就是高階主管底下的人，包括工程、行銷、業務、財務，以及人資部門的員工，他們才是實際工作的人。為他們打造一個頂尖的經營團隊，是你的責任。

應不應該賣掉公司？

該不該賣掉公司，是最折磨執行長的決策之一。公司賣掉了是對大家日後都好，還是繼續營運才對？這個決定牽涉到許多必須分析的因素，其中很多都只能臆測或完全是未知數。

如果公司是你創辦的，分析還只是小事，難就難在會牽動個人情緒。

收購案有三種

為了方便討論，我們不妨把科技業的收購案分成三個種類。

1. **收購方純粹看上公司的技術或人才**。這類收購案通常價值在五百萬到五千萬美元之間。
2. **收購方看上公司的產品，而非營運，計劃不大幅修改產品原貌直接銷售，但由自己的業務與行銷團隊執行**。這類收購案通常價值在兩千五百萬到二．五億美元之間。
3. **收購方看上公司的實際營運（營收與獲利）**。收購方不只是想取得公司的人才、技術和產品而已，也側重整體營運，包括產品規劃、業務、行銷等等。財務表現通常是收購金額的決定因素，金額可能是天價，例如微軟就曾出價三百億美元以上要收購雅虎。

在此，我主要討論的是業務型收購，也稍微與產品型收購有關，如果你想賣掉技術和人才，那就不適用了。

理性面

分析該不該賣掉公司時，有個基本準則可以參考。如果一、市場潛在商機非常大，公司正處在開疆闢土的階段；二、公司很有機會成為市場霸主，你就不應該賣。原因是，你的前途無可限量，沒有人買得起你。舉個簡單易懂的例子。還在草創時期的谷歌，據說就有許多企業接洽要買下他們，出價超過十億美元。這樣的價格在當時非常優渥，相當於谷歌身價的好幾倍。但是考量市場的潛在規模，賣掉谷歌沒有道理。事實上，就算給再多錢，谷歌也不應該賣掉。為什麼呢？一來是因為谷歌放眼更大的市場，比所有潛在買家的市場區塊加起來還大。此外，谷歌這時已打造出傲視群倫的產品，有機會成為市場霸主。

再來看看反例。Pointcast在當初的網路應用程式潮流迅速竄紅，在矽谷、乃至於整個科技業無人不知無人不曉，雖然有公司出價幾十億美元要收購，卻被他們拒絕。萬萬沒想到，後來產品架構出現瑕疵，客戶紛紛停用，市場一夕之間瓦解。他們一蹶不振，最後只好低價出脫。

所以你的考量重點有兩個，一是市場潛在商機是否比目前大上十倍以上，二是公司能否站上市場寶座。如果兩個答案都是負面的，那就應該考慮賣掉公司。如果答案是肯定的，則賣掉公司等於是自貶你與員工的身價。

然而，要回答這兩個問題，其實不像上述所說的那麼簡單。你還要自問：「市場商機到底是什麼？誰又會是以後的競爭對手？」谷歌是屬於搜尋引擎市場，還是入口網站市場？事後看來，谷歌攻的是搜尋引擎市場，但大多數人當初以為他們是屬於入口網站市場。雅虎是入口網站市場的強勁對手，但在搜尋引擎市場的優勢較低，如果谷歌當初放眼入口網站市場，賣掉公司可能是正確的決定。Pointcast誤判情勢，原以為市場規模很大，卻因為產品策略執行不當，導致市場萎縮，害到自己。

看看別人，想想自己。我為什麼最後賣掉Opsware？又為什麼不早點賣掉？

Opsware一開始屬於伺服器自動化市場，開始有人出價要買我們時，客戶群還不到五十家，但我深信客戶數目起碼可以到一萬家，而且公司有機會成為市場龍頭。此外，雖然我知道市場日後會重新定義，但我認為我們可以搶先跨足網通與儲存市場（資料中心自動化），還能一舉攻下山頭。假設我們有拿下三成市占率的實力，換算下來，潛在買方的出價金額必須是我們市值的六十倍。當然，沒有人願意付這樣的天價。

漸漸地，我們的客戶數達到幾百家，營運觸角也伸向資料中心自動化，這時的我們仍在市場排名第一，市值比當初的要約價格都高。Opsware當時的主要勁敵是BladeLogic，兩者都已是發展完善的企業，有全球業務團隊、多元化專業服務等等。這點值得注意，因為某家大企業可能買下我們其中一家，成功整合（如果大企業收購的是小公司，通常不會成功，因為小公司的智慧財產很多是屬於銷售方法，大企業學不來）。

種種跡象可看出BMC的收購意願，不是Opsware就是BladeLogic，因此我們必須對「市場第一」重新定義，考量重點有兩個：

1. 我們必須在系統與網路管理市場當龍頭，而不是在資訊中心自動化市場稱霸，因為後者未來會被納入更大的市場，就和文書處理機市場被納入電腦市場一樣。
2. 要成為市場龍頭，我們必須擊敗收購BladeLogic後的BMC，難度遠高出單獨與他們挑戰。

最後，受到虛擬化技術的興起，科技市場也逐漸轉型。在虛擬化趨勢下，市場的軟硬體資源必須重新調整。也就是說，我們與其他業者會展開研發大戰，看誰能率先研發出適用於虛擬化環境的管理產品，屆時勢必會有很長一段時間沒有獲利。

根據上述種種因素，我們覺得要有賣掉公司的打算，最起碼稍微做個分析，了解有多少家企業有意願收購。

結果，我們收到十一家企業的收購要約。在我看來，這表示Opsware的市價已到巔峰。換句話說，潛在收購方已經深入了解這塊市場，認為市場非常重要，所以我們不會有更多的溢價空間。經過通盤分析與自我省思之後，我覺得目前的最高出價比公司未來三至五年的預期市值還要高，因此決定把公司賣給惠普，金額為一六・五億美元。現在回想起來，我還是覺得當初的決定是正確的。

感性面

該不該賣掉公司，也是個讓人精神分裂的決定。

心裡的小天使說，每位員工都是你當初親自網羅，都相信你的創業願景，認為公司會欣欣向榮，你現在怎麼捨得賣掉公司？你怎麼可以棄夢想於不顧？

心裡的小惡魔說，賣掉公司可以讓你得到財務自主，家人親戚不再愁吃穿，你怎麼可以說不呢？你創業不就是要賺錢嗎？正所謂，有錢當賺直須賺！

一邊是繼續打拚，一邊是賣掉公司，你怎麼找到中間的平衡點？當然這兩個聲音是無法融合的，重點是要把聲音轉小，用超然的態度思考下列幾點：

■ **薪資如何來**。創投業者都喜歡「孤注一擲」的創業人，因為這表示他把自己所有的一切都賭在這家公司上，不成功便成仁。也因此，創投業者特別喜歡只領低薪的創辦人兼執行長。一般而言，創辦人兼執行長拿低薪是正確的做法，因為公司經營不順時，一走了之的誘惑實在太大，如果把他的薪酬與公司營運連動，他會更有把公司經營好的動機。然而，公司營運開始步入正軌後，執行長的薪資應該照市價辦理。講更清楚一點，公司一旦做出規模，變成眾人覬覦的收購標的，執行長應該有合理薪酬。如此一來，該不該賣掉公司的決定，就不會和他個人財務狀況有直接關係，讓他不會這麼想：「我雖然覺得不該賣掉公司，可是我們家有兩個小孩要養，小公寓也還在繳房貸，不賣就等著離婚了。」

■ **與大家說清楚講明白**。每家新創企業的執行長都會被員工問到：「你以後會不會賣掉公司？」這個問題非常棘手，如果避而不答，員工可能會解釋成執行長會賣掉公司。如果執行長說「有好價格就會賣」，員工會想著到底是多少錢，甚至直接開口問；如果公司真的到了那個價格，員工會認定公司即將出售。如果執行長給了「公司不賣」的標準答案，到時要是真的賣掉公司，員工可能會覺得遭到背叛。更重要的是，執行長或許會覺得自己背叛了員工，因而影響決策過程。想要避免這些問題，可以把上一節的分析據實以告：如果市場商機無窮，公司的產品有優勢地位，又有機會成為市場龍頭，那就可能經營下去；如果不符合這些條件，就有可能賣掉。這樣的說法從投資人的角度出發，卻又不會與員工的利益有所衝突。

結語

該不該賣掉辛苦打造的公司，是一個天人交戰的決定。若能理性分析、超然面對，會更容易得到答案。

第9章

從創業到創投

我們走同一路，穿不同鞋，
住同一棟，看不同世界。

——德瑞克（Drake），〈舉頭三尺〉（Right above It）

賣掉Opsware後，我花了一年時間在惠普經營軟體業務，之後便一直摸索下一步。該成立新公司？入主別人的公司當執行長？退休？還是該轉換跑道、做完全不一樣的事情？

愈想著未來規劃，就愈會想到過去種種。要是當初沒遇到坎貝爾，人生會有何境遇？經營公司的挑戰這麼多，我是怎麼撐到今天的？為什麼創業這門學問晦澀難懂？其他創業人也曾面臨我的問題嗎？如果有，為什麼沒有人把心得寫下來？為什麼創業顧問與創投業者忙著給意見，有實戰經驗的卻很少？

這些想法在我腦海中翻滾，我傳了一封簡訊給安德森：「我們應該來開一家創投公司，要求合夥人必須曾經創業過、經營過公司，才有資格輔導正在創業與經營公司的人。」萬萬沒想到，他回說：「我正好也有同樣的想法！」

實戰經驗

又一番長思，讓我回想起當初與創投業者交手的初體驗。

時間回到一九九九年，響雲端剛完成第一輪募資，我和幾位創辦人前去拜會投資的創投公司，與他們團隊見面。我身兼創辦人與執行長，能親自向金主說明公司願景，覺得很興奮。沒想到情況和我想像的完全不同，對方的資深合夥人貝恩（David Beirne）當著其他創辦人的面前，問我：「你們什麼時候才會找個真正的執行長？」

這句話好比朝我打了一巴掌。在我的團隊面前，我居然被最大的投資人說是冒牌執行長。我問：「什麼意思？」暗自希望他會修飾一下，幫我留點顏面。沒想到他話鋒依舊犀利：「就是有實際經驗的執行長，規劃過大企業、認識一流的高階主管、把老客戶帶進來等等，一個真正懂管理的人。」

我的呼吸就快要停止。我的執行長地位被打槍已經夠慘了，但更悽慘的是，我知道他說的不無道理，我確實沒有那些專業、沒做過那些事，也不認識那些人。我是新創公司的執行長，不是專業執行長。我彷彿聽得到時鐘滴答滴的聲音，執行長的位置很快就要不保。我有辦法在短時間內學會經營專業，建立起人脈嗎？如果沒辦法，表示我會被公司拔掉嗎？這個問題折磨了我好幾個月。

不知是幸還是不幸，我保住了工作，幾年來拚了老命要當符合每個人期望的執行長。除了自己的努力之外，再加上良師益友的協助（坎貝爾對我更是莫大的幫助），我們公司得以度過難關，成為叱吒市場、身價又高的企業。

話雖如此，我當時每一天都會想到貝恩的那段話，腦海中一直盤旋著問號，需要多久時間我才能培養出管理專業，要怎麼樣才能學會，又該怎麼樣才能建立起必要的人脈？

我和安德森常在想，為什麼我們身為創辦人，需要向投資人證明我們有能力治理公司，而不是投資人事先已認定我們有能力呢？討論到最後，才有了安霍創投的誕生。

我們第一步先研究創投產業，過程中發現有個潛在問題。一直以來，創投業的整體報酬集中在少數幾家公司，又常是同樣幾家瓜分。當年創投公司超過八百家，大概只有六家能為股東賺到錢。再深入研究，我們找到一個很重要的原因：最好的創業人只和最好的創投公司合作。但問題是，當時的創投公司作風神祕，投資方法與信念不為人知。大多數業者沒有公關，很少對外公布資訊，因此投資成績單成了一決高下的標準，好者恆好，新進創投一點成績都沒有，根本很難打進金字塔頂端。

我們必須打破這個現狀，成為一流創業人希望合作的對象。但怎麼做呢？

我們必須改變創業人評估創投公司的方式。我們覺得有機會做到，因為時代不同了。我和安德森在九〇年代中期創業時，認識的企業家不多，在那時只懂得埋頭苦幹，沒把自己看成是創業運動或創業社群的一分子。當時網路正要崛起，沒有臉書、推特等社群網站，根本沒機會與其他創業人互通有無，只能一心埋首工作。這一切在過去十年丕變。

現在的創業人講究交流互動，彼此加入好友，凝聚成一股社群意識。發現這點後，我們覺得如果能成立一家比別人更好的創投公司，再透過市場口耳相傳，就能做到以前無法達成的行銷效果。

除了要做得更好，也要做得與眾不同。思考如何做到這兩點的過程中，我們一直不忘兩個概念：第一，技術型創辦人是經營科技公司的最佳人選。惠普、英特爾、亞馬遜、蘋果、谷歌、臉書等等，都是經營多年、深受我們佩服的科技公司，執行長職位不論是過去或現在都由創辦人擔任。換句話說，公司的總舵手是有研發靈魂的人。第二，技術型創辦人忙著為公司打基礎，還要一邊學怎麼當執行長，實在是一場苦戰。我就是最好的例子。但大多數創投公司只懂得建議拔掉創辦人，讓執行長換人當當看，而不知道如何協助創辦人成長，當個成功的執行長。

我和安德森心想，如果我們的創投公司走出不同路線，輔導創辦人如何經營公司，或許能打響名號，即使還沒有做出成績，也能打進創投金字塔的頂端。我們比較創辦人兼執行長與專業執行長，發現前者有兩個不足之處。

1. 執行長的管理技能。

管理高階主管、組織設計、管理業務單位等等，都是技術型創辦人欠缺的重要專長。

2. 執行長的人脈。

專業執行長交遊廣闊，包括高階主管、潛在客戶與合作夥伴、媒體朋友、投資人等等，都是重要的事業人脈。反觀技術型創辦人，只認識一些優異的工程師，自己也只懂得寫程式。

我們的第二個問題是：「創投公司如何協助技術型創辦人補足管理技能？」事後證實，管理技能不容易教，因為要學習怎麼當個執行長，唯有自己當了才知道。我們當然還是會傳授心得，但用上課方式學當執行長，就好比上課學當美式足球的四分衛，就算有曼寧（Peyton Manning）、布雷迪（Tom Brady）這種大將親自授課，要是沒有實戰經驗，一踏進球場就只有等著當砲灰。

我們心想，雖然無法全數傳授管理技能，但可以當菜鳥執行長的導師，加快他們的學習腳步。因此，我們希望每位主要合夥人都能擔任導師的角色，協助身兼執行長職位的新創企業創辦人。（當然，不是每位創辦人都想成為執行長，有些企業比較適合向外延攬專業執行長。若是如此，我們會協助公司找到適合的執行長人選，並協助他融入企業文化，與創辦人攜手合作，維持公司的利基優勢。）正因為如此，我們在遴選主要合夥人時，大多會找有創業經驗或當過執行長的人，兩種經驗都有更好，為的是要幫助企業創辦人成為優異的執行長。我們覺得這樣的構想清楚明瞭，應該沒有辦不到的道理。

接著，我們決定把人脈系統化、專業化。我們取經的對象是歐維茲，他除了是我朋友，也是Opsware的董事，在三十四年前成立創新藝人經紀公司（簡稱CAA），現在已是好萊塢呼風喚雨的經紀公司。但公司成立之初，概念可不可行還有待考驗。當年的經紀產業已有七十五年的歷史，運作方式幾乎沒變，市場由威廉莫里斯經紀公司（William Morris Agency）所主導，而歐維茲是公司裡的明日之星。前途大好之際，他卻毅然離職，追求一個眾人都不看好的願景：如果能成立一家第一流的經紀公司，簽到全世界各地的人才，就能改變產業遊戲規則，把權力由大企業交還到人才手上，這樣才公平。

當時的經紀公司其實組織鬆散，經紀人雖然隸屬旗下，但大致上各自為政，運用自己的人脈網絡為客戶服務。比方說，甲經紀人介紹達斯汀霍夫曼給華納兄弟影業的大老闆認識，但這條線完全由他掌控，公司其他經紀人無法主動接洽兩者。以前的創投產業就是採取這種運作模式，創投專家在同一家公司上班，卻各有人脈與客戶。

歐維茲希望打破傳統，整合公司每個經紀人的人脈網絡，為客戶創造出更多新的機會，進而產生遠高於其他經紀公司的綜效。為了實踐這個構想，歐維茲和幾位創辦人達成共識，前幾年暫時不支薪，把佣金投資在建立他所謂的「加盟網」（The Franchise），由經紀人專營圖書出版、國際業務、音樂等等相關領域，互通人脈與客戶。他的構想證實可行，十五年後的CAA成了九成好萊塢巨星欽點的經紀公司，更改寫了市場遊戲規則，讓人才有更多發言權，分得更多酬勞。

我們決定複製CAA的營運模式，甚至學他們當年一樣，稱呼員工為「合夥人」。我們的構想深受歐維茲的認同，卻遭其他人潑冷水，大家都說：「這裡是矽谷，不是好萊塢。你們不懂創投業啦！」儘管如此，在歐維茲的背書與熱情支持之下，我們開始把構想付諸實行，亦決定要建立下列幾種人脈網絡：

■ **大型企業**

每家新創企業不是得賣產品給大公司，就是得跟大公司合作。

■ **高階主管**

公司經營有成，總有必須延攬高階主管的一天。

■ **工程師**

在科技業工作，只怕不認識一流的軟體工程師，不怕認識太多。

■ **媒體與分析師**

我們公司有個口號：敢秀行情就高；不敢秀行情就低。

■投資人與收購方

我們身為創投業者，當然要幫新創公司找到金主。

完成公司規劃後，我們必須讓創業人知道我們的不同之處。說來簡單做起來難，當時的主要創投業者完全沒有行銷，但為什麼呢，我們覺得應該會有個合理的解釋，卻找也找不到。安德森後來發現，四〇年代末、五〇年代初剛開始出現創投公司時，經營模式乃是複製摩根大通（J.P. Morgan）與羅斯柴爾德（Rothschild）等投資銀行始祖。這些銀行不宣傳行銷的理由很單純，因為它們是戰爭所需資金的來源（有時甚至出資贊助同一場戰爭的敵對雙方），所以當然不方便行銷。了解這個背景之後，再加上我們直覺應該與大公司反其道而行，我們最終高調成立了安霍創投。為公司取名字時，最大的障礙是，我們在創投業沒有名氣、沒有成績、沒有客戶群，什麼都沒有。但所幸，講出我們自己的姓名，大家都還認識，安德森尤其無人不知無人不曉。所以我說：「我們沒必要從無到有，想出全新的品牌，何不就拿你的名字當品牌？」安德森覺得有道理，但安霍創投的英文為Andreessen Horowitz，若把它當成網址，恐怕沒有人拼得對，得精簡一點。回想以前程式語言還無法支援國際化的時候，程式碼必須先「國際化」（internationalization）一番，這個過程簡稱為「I18N」，省略了中間十八個字母。我們決定有樣學樣，省略

Andreessen與Horowitz中間的十六個字母，把公司暱稱為「a16z」。

我們請來Outcast公關公司宣傳，讓市場認識我們，完全顛覆創投公司不行銷的傳統做法。Outcast執行長溫瑪雀斯（Margit Wennmachers）亦是公司創辦人，完全看不出她出身自德國豬農家庭，精明幹練，號稱公關界女神。在她穿針引線之下，安德森登上二〇〇九年《財星》雜誌的封面，學美國山姆大叔比出食指徵求有志之士。安霍創投對外一夕成名，但對內，還只是一家兩人公司。

經營響雲端與Opsware那八年，我跌跌撞撞學到許多寶貴心得，所以要打造團隊並不難。我學會，網羅人才要看他的長處，而不是希望他沒有缺點，一個人「適得其所」才有意義。天底下有頭腦的人太多了，但光是聰明還不夠，我需要大家在適當職位發揮長才；我需要大家對工作崗位有十足的熱血；我需要大家認同公司使命，把矽谷打造成一個創業天堂。

安霍創投網羅的第一個人是庫伯爾，他是Opsware財務長，在我旗下工作將近八年。他是否樂在其中，這我不能確定，但他的工作表現真的沒話說。他當時職掌客戶支援、策略規劃、技術營運等等，都不是他真心想做的工作。庫伯爾喜歡做三種事：營運、策劃、交易。交給他做，他可能連覺都不睡了。但在Opsware，他只負責營運與策劃這兩項，無法參與到交易過程對他是一大折磨，彷彿龍困淺灘。也就是說，我把他困在淺灘整整八年時間。因此在籌備安霍創投期間，我第一個閃過的念頭就是：「終於幫庫伯爾找到最適合的工作了。」庫伯爾於是成了安霍創投的營運長。

經營團隊後來亦陸續到位。由Opsware前業務部主管柯蘭尼負責大企業網絡；Opsware前人資部主管凱勒涵（Shannon Callahan）負責工程人脈；公關女神溫瑪雀斯負責行銷網絡；高階主管獵才專家史坦普（Jeff Stump）負責高階經理人人脈；Opsware前產品管理部主管陳富蘭坐鎮研究部門，統一調度。

沒想到，我們的創投理念深受全球創業人才的肯定。短短四年，我們便成為全球著名的創投公司。

最後一課

「你以為我好命，因為穿金又戴銀；
我是真的好命，因為心安又理得。」

——納斯，〈火車頭〉（Locomotive）

我常開玩笑說，我不當執行長後，大家才覺得我是厲害的執行長。現在常有人說我是管理大師，但經營Opsware那段期間，我沒被罵到臭頭，就已經偷笑了。我老婆喜歡說：「他們就差沒罵到你祖宗八代了。」

怎麼會這樣？是我變了，還是大家的觀點變了？

當然，我那幾年學到許多寶貴經驗，剛開始的一些行為舉止，現在想起來都還覺得丟臉，但熟能生巧，公司管理也就愈來愈上手。有數字有真相：公司經營到一半，被我徹底轉型（更何況它還是上市公司），但市值卻能在五年之間，從兩千九百萬美元增加到一六．五億美元。Opsware前員工有很大比例不是轉戰安霍創投，就是在我們的客戶公司服務，可見一定是有什麼因素吸引大家繼續共事。惠普收購我們，創下科技業天價，所以也算贏了市場。

雖然Opsware在二〇〇三到二〇〇七年有這些豐功偉業，但不管是翻開報章雜誌，還是上網看部落格，很少有人對我有好話。媒體當時把Opsware批得一文不值，股東要我下台，沒有人覺得我這個執行長很厲害。

現在回想起來，大家對我的觀感之所以變了，是因為我把公司風光賣給惠普，後來陸續寫了一些心得。卸下執行長的角色，我頓時海闊天空，尤其又進軍創投業，能夠暢所欲言，不用擔心其他人的想法。這是執行長所沒有的瀟灑。執行長時期的我，必須擔心每個人的想法，尤其不能在大家面前露出一絲怯懦，否則對員工、管理階層，以及股東都不公平。大言不慚的自信，是執行長的必修課。

成立了安霍創投，我終於可以卸下武裝。我們當然還是有員工，但少了每天盯著新聞的股民，不用再擔心股價起伏。更重要的是，在安霍創投裡，我稱不上是真正的執行長；必須展現無比信心的人，是那些接受我們資金挹注的企業執行長。現在的我，可以讓大家看到我的軟弱、我的恐懼、我的缺點，可以大聲說出我的想法，不用擔心得罪核心人士。征服恐懼、堅持不受歡迎的己見，正是執行長關關難過關關過的關鍵。難關之所以難，是因為沒有速成的答案、因為理性與感性在打結、因為如果喊救命，你就露出脆弱的一面。

還記得剛當上執行長時，我打從內心以為只有我做得很掙扎，每次與其他執行長談話，他們都給人一種泰然自若的印象，生意「好得嚇嚇叫」，公司管理起來「很順手」。我不禁會想，或許像我這樣在柏克萊長大、爺爺奶奶都是共產黨黨員的人，原本就不是當執行長的料吧！但後來看著那些「好得嚇嚇叫」的公司一個一個倒閉，賤價出脫，我這才發現，說不定掙扎的不只我一人。

反省得愈透澈，我愈覺得讓我一次又一次度過難關的，正是我不平凡的成長背景。它讓我培養出創業的獨特觀點與做法，形成我與其他人不一樣的利基。從球隊總教練曼多札身上，我學到有如暴力美學的管理風格，讓經營團隊更有動力與專注力。因為看到每個人的內在特質，不被外在形象與膚色所蒙蔽，我才能找來羅森索與萊特合作，把公司救起來。創業可說是最富資本主義精神的行動，我甚至也在當中帶進馬克斯思想。我爺爺的墓誌銘上，有句他最愛的馬克思格言：人生是一場掙扎。我覺得這句話蘊藏了創業最重要的一課，那就是，擁抱煎熬。

現在與創業人合作，我最想跟他們說，擁抱你的不一樣、你的成長背景、你的直覺，才能拿到成功的金鑰匙。他們現在遇到的種種挑戰，我都能感同身受，卻無法教他們怎麼做，只能從旁協助，讓他們闖出自己的一條路，甚至比當初的我更坦然無懼。

當然，即使該聽的意見都聽了、該學的教訓也都學了，創業路上還是處處有難關。所以本書最後，我想祝福所有追求夢想的創業人，屢敗屢戰，夢想成真。

附錄

面試銷售主管的必備問題

他夠聰明嗎？

- 他能成功向你推銷他目前的公司嗎？
- 他對你的公司與市場商機是否有深入了解？
- 他對公司的決策方向能有實質貢獻嗎？

他知道如何網羅業務人員嗎？

- 他過去表現如何？
- 請他說明最近一次徵人後發現不適任的案例。

- 他如何找到頂尖人才？
- 他的時間有多少比例花在找人才？
- 面試過程中，他如何評量對方的特質是否合乎所需？
- 他目前的銷售團隊有多少人想跟著他跳槽？你有辦法求證嗎？
- 你有辦法通過他網羅業務人員時的面試嗎？你應該要通過嗎？
- 他知道如何網羅業務經理嗎？
- 他能清楚界定這個職位的職責嗎？
- 他能測試出職位所需的專長嗎？

他對銷售過程的想法是否有系統又全面？

- 他了解科技業和科技銷售流程嗎？
- 他了解標竿管理、上鎖（lockout）文件、概念驗證、展示品嗎？
- 他知道如何培訓員工嗎？
- 他能落實培訓過程嗎？
- 他認為團隊應該如何使用客戶關係管理（CRM）工具？

■他是否在前公司執行過或規劃過這個流程？

善於規劃的人，不代表就能落實得好。

他的業務人員培訓計畫有多優異？

■針對流程的培訓比重是多少，針對產品的培訓又是多少？他能詳細說明嗎？

■他有培訓素材嗎？

■他的業務人員評量模型有沒有效果？

■他能看到業務人員基本表現之外的優缺點嗎？

■他能說明交易型業務與企業型業務的差別嗎？他的說法又能讓你學到東西嗎？

他知道如何制訂全面的產品計畫嗎？

■加速器、靜止圖片交換檔格式（spiff）等等。

他知道如何成交大案子嗎？

■他有讓既有案子再加碼的經驗嗎？他的團隊可以證實嗎？他有加速案子成交的經驗嗎？

■ 他的客戶願意證實嗎？
■ 他懂行銷嗎？
■ 在不給予提示的情況下，他能清楚說明品牌行銷、準客戶名單開發（lead generation）、業務員自主（sales force enablement）的定義嗎？

他了解通路嗎？

■ 他確實了解通路衝突和誘因嗎？
■ 他夠熱血嗎？
■ 他的業務願意早上五點爬起來，打電話給國外客戶？還是睡到自然醒，先吃午餐再說？

他有經營國際業務的能力嗎？

他能掌握產業脈動嗎？

他能快速診斷問題嗎？

■ 他知道你的競爭對手是誰嗎？

■ 他知道你現在接洽中的案子有哪些？

■ 他知道你的組織架構嗎？

營運相關問題

管理直屬員工

■ 你希望員工具備哪種特質？

■ 你如何從面試過程中看到那些特質？

■ 你如何輔助他們邁向成功？

■ 你評估員工表現的流程為何？

決策

■ 為了做出決策，你如何取得必要資訊？

■ 你的決策流程為何？
■ 你如何進行員工會議？議程為何？
■ 你如何管理員工的行動與承諾？
■ 你能有系統地獲得資訊嗎？包括：
□公司內部的資訊
□客戶的資訊
□市場的資訊

核心管理流程：請說明你建立流程的方法與原因

■ 面試流程
■ 績效管理流程
■ 員工培訓流程
■ 策略規劃流程

衡量標準的制訂

■請說明貴單位的主要領先指標與落後指標（即目標與實際結果）為何？

■對結果有正確的預期嗎？比方說，強調搶時間推出產品，勢必會犧牲品質。

■這套標準是否有潛在副作用？

■你使用何種流程設計出這些衡量標準？

組織設計

■請說明貴單位目前的組織設計。

■優缺點為何？

■為什麼？

■你為何選擇這些優點（為什麼你覺得這些優點很重要）？

■有什麼衝突？又如何解決？

衝突

■你旗下最優秀的高階主管向你要求更多權責，你如何處理？

■請說明你的升遷流程與解聘流程。

■你如何處置表現優異但素行不良的員工？

其他問題

■他是設想周全還是思考片面？

■我會願意在他底下工作嗎？

■他為人誠實坦白還是愛講大話？

■他會主動提問尖銳問題，還是只問事前準備的問題？

■他能夠應付各種不同的溝通方式嗎？

■他有優異的表達能力嗎？

■他對你的公司事先做過功課嗎？

致謝

首先要感謝我結縭二十五年的妻子菲莉夏（Felicia Horowitz）。其實要謝她有點怪，因為她幾乎可說是本書的另一位作者了，在寫書這段期間一直是我的頭號啦啦隊，對我、對這本書的信心，是支撐我的莫大力量。沒有她就沒有這本書的誕生，沒有她就沒有我，她是我的人生伴侶與最愛，我之所以有這一切、之所以為我，全都是她的功勞。我對她的感激無法以言語形容，只好說聲：老婆我愛你，謝謝你。

陪我度過難關的人無可計數，協助我把心路歷程付諸於文字的人也很多，在此由衷感謝。我希望透過這本書也能貢獻一己之力。

謝謝家母 Elissa Horowitz，她總是鼓勵我追求夢想，不管是小時候打美式足球，還是現在寫這本書，她都對我有無比的信心與體諒。老媽，謝謝你！

我也要感謝家父David Horowitz，他讓我相信寫這本書是正確的決定，也花很長的時間幫我編輯。

這一切的一切，都得感謝老戰友安德森慧眼看到我的潛力。過去十八年與他並肩作戰，實為人生一大樂事。我做的一切，向來以他為取經的對象。我剛開始寫部落格時，都經過他的編輯；寫這本書時，他也是我的得力助手。能夠天天與他這等人才共事，是我莫大的榮幸。

感謝朋友坎貝爾的教導，讓我能夠安然度過重重難關。他的歷練少有人能及，更少人願意公開談論。坎貝爾，謝謝你的直言不諱。

歐維茲協助我重寫本書結尾，效果比原本好上好幾倍。一路走來，他對我的幫助無可限量，包括大家不看好Opsware股票時，他卻大力買進。他是患難見真情的好友。

由衷感謝每個曾在響雲端或Opsware工作的員工，你們當初對我的信心，我至今仍深深感動。經營團隊裡，特別感謝Jason Rosenthal、Mark Cranney、Sharmila Mulligan、Dave Conte、John O'Farrell、Jordan Breslow、Scott Kupor、Ted Crossman、Anthony Wright讓我寫入本書，希望我把大部分的細節都寫對了。謝謝Eric Vishria、Eric Thomas、Ken Tinsley與Peter Thorp幫我回憶往事。也謝謝Ray Soursa、Phil Liu、Paul Ingram救了我們公司，「達爾文專案」萬歲！Shannon Callahan，謝謝你，我真不敢相信我竟然把你裁掉。感謝Dave Jagoda提醒我人生最重要的事是什麼。

謝謝好友與響雲端／Opsware共同創辦人Tim Howes，我不知道我們的決策是否都對，但我能肯定的是，當初若沒有時常與你聊天，我可能早就發瘋了。謝謝這些年來的相知相惜。

沒有Carlye Adler的編輯與指導，我不知道還會不會寫這本書，更別說是把它寫完了。我寫出好內容，她比誰都高興；我寫出無聊的內容，她比誰都愁雲慘霧。謝謝你讓這本書大大加分。

特別感謝Hollis Heimbouch在臉書找到我，邀我寫書。能與你這樣的出版人合作，夫復何求。也謝謝在HarperCollins出版社的全體團隊。

Binky Urban是世界一流的作家經紀人，我何其有幸能有機會當她的客戶。與菁英合作，是人生一大樂事。

感謝朋友兼音樂人納斯與肯伊・威斯特，你們的作品鼓舞人心，讓我能表達出難以名狀的情緒。也謝謝你們讓我到後台當個小粉絲。

Steve Stoute在這段過程一直情義相挺，幫我找到適合的風格，也讓我知道我的工作很重要。

感謝四十年的老友Joel Clark Jr.讓我寫下我們認識的經過。

Chris Schroeder協助編輯本書，過程中維持熱情不墜，很多時候還比我更重視，讓我實在佩服。

Herb Allen，你一直是夠義氣的好朋友，謝謝你即使內心不願，還是讓我把你寫進書裡。

感謝安霍創投所有合夥人與員工，我在寫書過程中脾氣暴躁，三字經不斷，沒有你們的體諒，這本書無法誕生。謝謝你們幫我完成創投夢想。

特別感謝Margit Wenmachers認同我的理念，幫助我找到其他認同的人。能與如此優秀的你共事，何其有幸。

Grace Ellis這段時間一直常伴我身邊，處理奇奇怪怪的細節，從來沒聽她抱怨過一句話。她也常常給我好建議，是不折不扣的好朋友。

Ken Coleman，謝謝你給我第一份工作，也謝謝你當了我將近三十年的人生導師。

謝謝妹夫Cartheu Jordan Jr.，他是書中的重要人物，也是我生活中的一大支柱。

謝謝John Wiley與Loretta Wiley，我不管做什麼，都有你們的大力支持。

感謝兄弟姐妹Jonathan Daniel、Anne Rishon、Sarah Horowitz讓我成為今天的我。

感謝已故的何莫，他的智慧、協助與關懷，我沒齒難忘。感謝Andy Rachleff，你是正人君子也是朋友。感謝Sy Lorne沒讓我惹出麻煩。感謝Mike Volpi加入一家可怕公司的董事會。

最後謝謝家裡的Boochie、Red與Boogie，你們是全天下最棒的小孩。

國家圖書館出版品預行編目（CIP）資料

什麼才是經營最難的事：矽谷創投天王告訴你真實的管理智慧／本・霍羅維茲（Ben Horowitz）著；連育德譯. -- 第一版. -- 臺北市：遠見天下文化, 2018.10
面；　公分. --（財經企管；654）
譯自：The hard thing about hard things : building a business when there are no easy answers
ISBN 978-986-479-556-7（平裝）

1. 創業　2. 企業管理

494.1　　　　　107016970

財經企管 BCB654

什麼才是經營最難的事

矽谷創投天王告訴你真實的管理智慧

The Hard Thing About Hard Things：

Building a Business When There Are No Easy Answers

作者 —— 本．霍羅維茲（Ben Horowitz）
譯者 —— 連育德

總編輯 —— 吳佩穎
特約副主編 —— 許玉意
責任編輯 —— 許玉意、陳珮真
封面及版型設計 —— 鄒佳幗

出版者 —— 遠見天下文化出版股份有限公司
創辦人 —— 高希均、王力行
遠見．天下文化 事業群榮譽董事長 —— 高希均
遠見．天下文化 事業群董事長 —— 王力行
天下文化社長 —— 王力行
天下文化總經理 —— 鄧瑋羚
國際事務開發部兼版權中心總監 —— 潘欣
法律顧問 —— 理律法律事務所陳長文律師
著作權顧問 —— 魏啟翔律師
社址 —— 台北市104松江路93巷1號2樓
讀者服務專線 —— (02) 2662-0012｜傳真 —— (02)2662-0007；(02)2662-0009
電子信箱 —— cwpc@cwgv.com.tw
直接郵撥帳號 —— 1326703-6號　遠見天下文化出版股份有限公司

製版廠 —— 東豪印刷事業有限公司
印刷廠 —— 中原造像股份有限公司
裝訂廠 —— 中原造像股份有限公司
登記證 —— 局版台業字第2517號
總經銷 —— 大和圖書書報股份有限公司｜電話／(02) 8990-2588
出版日期 —— 2018年10月24日第一版第1次印行
　　　　　　2024年06月18日第一版第14次印行

◎ 本書原書名為《什麼才是最難的事：矽谷創投天王告訴你真實的經營智慧》

定價 —— NT450元
ISBN —— 978-986-479-556-7
書號 —— BCB654
天下文化官網 —— bookzone.cwgv.com.tw

（英文版ISBN-13: 978-054-726-545-2）